目次

第1章 微積分学　1
1.1 平均変化率 1
   1.1.1 微分係数 2
   1.1.2 導関数 3
1.2 不定積分 4
   1.2.1 定積分 4
   1.2.2 区分求積法 5
1.3 時間微分と時間積分 6

第2章 物理量と単位　7
2.1 長さ・質量 7
2.2 単位当たりの力 8
   2.2.1 力の平行四辺形の法則 11
2.3 時間 12

第3章 運動学　13
3.1 等速直線運動 13
   3.1.1 $x\text{-}t$ グラフ 14
3.2 等加速度運動 15
   3.2.1 $v\text{-}t$ グラフ 16
   3.2.2 $v\text{-}t$ グラフの性質 18

第4章 力学　21
4.1 運動の第一法則 21
   4.1.1 慣性質量 22
4.2 運動の第二法則 23
   4.2.1 平面内における物体の運動 24
   4.2.2 等速円運動 26
   4.2.3 空気抵抗 28

はじめに

　本書は，物理学における力学分野の問題集です．実験データを図示するなどして物理法則を確認することに加え，物理法則の数学による記述法について，演習しながら身につけてもらうことを目的としています．

　第1章では，微分・積分に関する定義を取り上げます．既知の場合は，第2章以降から取り組んでください．第2章は，物理学で用いられる基本概念の確認です．長さ・質量・時間の物理的定義に加え，対象が静止している場合の力の定義についても取り上げます．第3章の前半では対象の運動をグラフ化して分析する方法を取り上げ，後半では微積分学と物理現象との対応付けを行います．第4章は，対象の運動を決定付ける因果律を微分方程式を用いて表すことや，その解を求める手順を習得するための内容となっています．

　各問題の欄外に記載した――はじめにと同様の枠でくくられた――解説は，それに隣接する問題の補足内容となっています．また，巻末には解答を載せてあります．自己添削では納得できない個所につきましては著者のホームページ(数理研クラブ)

http://surikenclub.fc2web.com/

を通じて質問してもらうか，御手近の教員等に相談するなどしてください．

実験動画の閲覧方法[a]

本書出版時点において, 本書で登場する実験動画は, インターネット動画サイト "**YouTube**" に掲載してあります。YouTube は, 誰しもがオリジナルの動画を発表・閲覧できる無料のサイトで, 無数の動画が毎日のように投稿されています。YouTube のサイト

http://www.youtube.com/

にある検索欄において,

ぶつりじっけん ○○

と入力することで, 無数にある動画の中から筆者の動画を探し当てることができます。○○には, 本文中に登場するキーワードが入ります。

[a] 実験動画を見るには, インターネットに接続できる環境が必要です。

謝辞

本文作成には角藤亮氏の W32TEX を用い, 本文中に登場する線画はすべて, WinTpic for Windows95 を用いて作成しています。表紙はイラストレーターの広沢葉さんの製作です。また, 日本大学生産工学部のスタッフの皆さまには, 本書を作成する上での様々なアドバイスをいただきました。開成出版の皆様をはじめとする, 関係者各位には厚くお礼申し上げます。

松澤孝幸

平成 31 年 3 月 31 日記

4.3	運動の第三法則	29
4.3.1	弾性力	29
4.3.2	張力	29
4.3.3	垂直抗力	30
4.4	力の分解	31
4.4.1	静止摩擦力	31
4.4.2	最大静止摩擦力	32
4.4.3	束縛条件	34
4.5	力積と運動量	35
4.5.1	運動量保存の法則	36
4.6	単振動	38
4.6.1	振り子の運動	40
4.7	仕事とエネルギー	42
4.7.1	力学的エネルギー保存の法則	43
4.7.2	保存力	44
4.7.3	動摩擦力	45
4.7.4	平面内における仕事	46
4.7.5	ポテンシャルエネルギー	47
4.8	剛体と力のモーメント	49
4.8.1	ベクトルの外積	50
4.8.2	角運動量保存の法則	51

第1章 微積分学

1.1 平均変化率

問題1 関数 $f(x) = \dfrac{1}{20}x^2$ を $y = f(x)$ とおいて得られる x-y 平面内の $x \geq 0$ を満たす下図の放物線について、下記空欄に定数(整数)を書き込め。

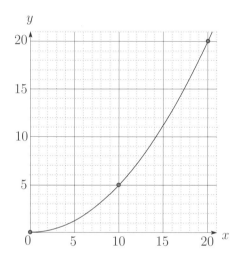

(1) x が 0 から 10 まで変化するときの関数 $f(x)$ の平均変化率を $\bar{f}_1$ とおく。上図に示された実線は、点 $\left(10, \boxed{}\right)$ を通るから、$\bar{f}_1$ は、

$$\bar{f}_1 = \frac{\boxed{}}{10} = \frac{\boxed{}}{2}$$

である。

(2) x が 10 から 20 まで変化するときの関数 $f(x)$ の平均変化率を $\bar{f}_2$ とおく。上図の実線は、二点 $\left(10, \boxed{}\right)$, $\left(20, \boxed{}\right)$ を通るから、$\bar{f}_2$ は、

$$\bar{f}_2 = \frac{\boxed{} - \boxed{}}{20 - 10} = \frac{\boxed{}}{2}$$

である。

原点 O とする x-y 平面内の異なる二点 $A(x_1, y_1)$, $B(x_2, y_2)$ を通る直線 (図 1.1) において、"**直線の傾き**" は、

$$(直線の傾き) = \frac{y_2 - y_1}{x_2 - x_1}$$

によって定義される。

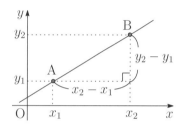

図 1.1: 二点を通る直線とその傾き

また、関数 $f(x)$ が与えられたときに、関数 $y = f(x)$ の表すグラフ上の異なる二点 $A(x_1, f(x_1))$, $B(x_2, f(x_2))$ を通る直線 (図 1.2 の破線) の傾きを表す

$$\bar{f} = \frac{f(x_2) - f(x_1)}{x_2 - x_1}$$

を、x が x_1 から x_2 まで変化するときの関数 $f(x)$ の "**平均変化率**" という。

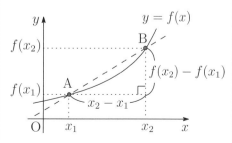

図 1.2: 曲線 $y = f(x)$ と平均変化率

1.1.1 微分係数

問題 2 関数 $f(x) = \dfrac{1}{20}x^2$ において，$x = x_1$ が次の値をとる場合について，下記空欄に定数(整数)を書き込め．

(1) $x_1 = 5$ における微分係数は，

$$f'(5) = \lim_{x_2 \to 5} \frac{\dfrac{1}{20}x_2^2 - \dfrac{1}{20} \times \boxed{}^2}{x_2 - 5}$$

$$= \lim_{x_2 \to 5} \frac{\left(x_2 + \boxed{}\right)\left(x_2 - \boxed{}\right)}{20(x_2 - 5)}$$

$$= \lim_{x_2 \to 5} \frac{1}{20}\left(x_2 + \boxed{}\right) = \frac{\boxed{}}{2}$$

である．

(2) $x_1 = 15$ における微分係数は，

$$f'(15) = \lim_{x_2 \to 15} \frac{\dfrac{1}{20}x_2^2 - \dfrac{1}{20} \times \boxed{}^2}{x_2 - 15}$$

$$= \lim_{x_2 \to 15} \frac{\left(x_2 + \boxed{}\right)\left(x_2 - \boxed{}\right)}{20(x_2 - 15)}$$

$$= \lim_{x_2 \to 15} \frac{1}{20}\left(x_2 + \boxed{}\right) = \frac{\boxed{}}{2}$$

である．

(3) $y = f(x)$ とおくと，関数 $y = f(x)$ の表すグラフが得られる．こうして得られた放物線の $x_1 = 10$ における接線(図 1.4 の破線)の傾きは，

$$f'(10) = \lim_{x_2 \to 10} \frac{\dfrac{1}{20}x_2^2 - \dfrac{1}{20} \times \boxed{}^2}{x_2 - 10}$$

$$= \lim_{x_2 \to 10} \frac{\left(x_2 + \boxed{}\right)\left(x_2 - \boxed{}\right)}{20(x_2 - 10)}$$

$$= \lim_{x_2 \to 10} \frac{1}{20}\left(x_2 + \boxed{}\right) = \boxed{}$$

である．

---

x を変数とする関数 $f(x)$ について，
$$f'(x_1) = \lim_{x_2 \to x_1} \frac{f(x_2) - f(x_1)}{x_2 - x_1}$$
によって定義される $f'(x_1)$ を $x = x_1$ における関数 $f(x)$ の "**微分係数**" という．これを $\dfrac{df(x_1)}{dx}$，すなわち，
$$\frac{df(x_1)}{dx} = \lim_{x_2 \to x_1} \frac{f(x_2) - f(x_1)}{x_2 - x_1}$$
によって定義することもある．

原点 O とする x-y 平面を考えるとき，$f'(x_1)$ や $\dfrac{df(x_1)}{dx}$ は，関数 $y = f(x)$ の表すグラフ上の点 A $(x_1, f(x_1))$ における接線(下図の破線)の傾きを表す．

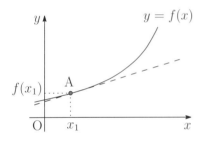

図 1.3: 曲線 $y = f(x)$ と微分係数

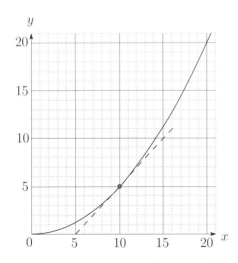

図 1.4: $x = 10$ における放物線の接線

1.1.2 導関数

問題3 次の (1) ～ (3) で与えられる関数 $f(x)$ の導関数 $f'(x)$ を，その定義から導こう。下記空欄に，x を用いた式，または，定数を書き込め。

(1) $f(x) = x$

$$f'(x) = \lim_{\Delta x \to 0} \frac{\left(\boxed{} + \Delta x\right) - \boxed{}}{\Delta x}$$

$$= \lim_{\Delta x \to 0} \boxed{}$$

$$= \boxed{}$$

(2) $f(x) = x^2$

$$f'(x) = \lim_{\Delta x \to 0} \frac{\left(\boxed{} + \Delta x\right)^2 - \boxed{}}{\Delta x}$$

$$= \lim_{\Delta x \to 0} \frac{\boxed{} + \boxed{}\Delta x + (\Delta x)^2 - \boxed{}}{\Delta x}$$

$$= \lim_{\Delta x \to 0} \left(\boxed{} + \Delta x\right)$$

$$= \boxed{}$$

(3) $f(x) = x^3$

$$f'(x) = \lim_{\Delta x \to 0} \frac{\left(\boxed{} + \Delta x\right)^3 - \boxed{}}{\Delta x}$$

$$= \lim_{\Delta x \to 0} \frac{\boxed{} + \boxed{}\Delta x + \boxed{}(\Delta x)^2 + (\Delta x)^3 - \boxed{}}{\Delta x}$$

$$= \lim_{\Delta x \to 0} \left\{\boxed{} + \boxed{}\Delta x + (\Delta x)^2\right\}$$

$$= \boxed{}$$

(4) $f(x) = 3$

$$f'(x) = \lim_{\Delta x \to 0} \frac{\boxed{} - \boxed{}}{\Delta x}$$

$$= \boxed{}$$

---

x を変数とする関数 $f(x)$ について，

$$f'(x) = \lim_{\Delta x \to 0} \frac{f(x + \Delta x) - f(x)}{\Delta x}$$

によって定義される x の関数 $f'(x)$ を関数 $f(x)$ の"**導関数**"という。導関数 $f'(x)$ は，関数 $f(x)$ の任意の x における微分係数を表すことになるから，

$$f'(x) = \frac{df(x)}{dx}$$

とかくこともある。関数 $f(x)$ の導関数 $f'(x)$ を求めることを，関数 $f(x)$ を x で **微分する** という。

---

c を定数，n を自然数とする。以降において関数 $f(x)$ を微分するときには "**微分公式**"，

I. $f(x) = c \implies f'(x) = 0$

II. $f(x) = x^n \implies f'(x) = nx^{n-1}$

を用いればよい。

導関数が $f(x)$ となる関数 $F(x)$ のことを, 関数 $f(x)$ の"**原始関数**"という。このとき, $F(x)$ は,

$$\frac{dF(x)}{dx} = f(x)$$

を満たす。特に, 関数 $f(x)$ の任意の原始関数を関数 $f(x)$ の"**不定積分**"といい, これを $\displaystyle\int f(x)\,dx$ と記す。

関数 $f(x)$ の原始関数の1つを $F(x)$ とするとき, $F(x)$ に定数 C を加えた関数も $f(x)$ の原始関数といえるから,

$$\frac{dF(x)}{dx} = f(x)$$
$$\implies \int f(x)\,dx = F(x) + C$$

が成り立つ。ここで, 関数 $f(x)$ の不定積分を求めることを関数 $f(x)$ を x で **積分する** といい, このとき生じる任意定数 C を"**積分定数**"という。

---

a, b を定数とし, 関数 $f(x)$ の原始関数の1つを $F(x)$ とするとき,

$$\int_a^b f(x)\,dx = F(b) - F(a)$$

を満たす $\displaystyle\int_a^b f(x)\,dx$ を関数 $f(x)$ の"**定積分**"といい, a を"**下端**", b を"**上端**"という。ここで, 新たな記号

$$\Big[\, F(x)\,\Big]_a^b = F(b) - F(a)$$

を定義すれば, 定積分を

$$\int_a^b f(x)\,dx = \Big[\, F(x)\,\Big]_a^b$$

と表すことができて便利である。

1.2 不定積分

問題 4 積分定数を C とする。次の不定積分について, 下記空欄に定数を書き込め。

(1) $\displaystyle\int x\,dx = \frac{1}{\boxed{}}x^2 + C$

(2) $\displaystyle\int x^2\,dx = \frac{1}{\boxed{}}x^3 + C$

問題 5 積分定数を C とする。次の不定積分について, 下記空欄に x を用いた式を書き込め。

(1) $\displaystyle\int 4\,dx = \boxed{} + C$

(2) $\displaystyle\int 4x\,dx = \boxed{} + C$

問題 6 積分定数を C とする。下記空欄に, x を用いた式, または, 定数を書き込め。

(1) $\dfrac{dF(x)}{dx} = 4$

$\qquad \implies F(x) = \displaystyle\int \boxed{}\,dx = \boxed{} + C$

(2) $\dfrac{dF(x)}{dx} = 4x$

$\qquad \implies F(x) = \displaystyle\int \boxed{}\,dx = \boxed{} + C$

1.2.1 定積分

問題 7 次の定積分について, 下記空欄に x を用いた式, または, 定数を書き込め。

(1) $\displaystyle\int_1^2 4\,dx = \Big[\,\boxed{}\,\Big]_1^2 = \boxed{}$

(2) $\displaystyle\int_1^2 4x\,dx = \Big[\,\boxed{}\,\Big]_1^2 = \boxed{}$

1.2.2 区分求積法

問題 8 n を自然数とし，$x_0 = 0, x_n = 1$ とする。x-y 平面における閉区間 $[0, 1]$ を分点，

$$x_0 < x_1 < x_2 < \cdots\cdots < x_n$$

によって，n 個の閉区間に等分するとき，単調関数 $y = f(x)(\geqq 0)$ の表すグラフと x 軸，および，直線 $x = 1$ によって囲まれた領域の面積を S とすると，

$$S = \lim_{n \to \infty} \frac{1}{n} \sum_{i=1}^{n} f(x_i)$$

が成り立つ。次の関数 $f(x)$ について，下記空欄に n を用いた式，または，定数を書き込め。

> n を自然数，a, b を定数とする。x-y 平面における閉区間 $[a, b]$ を分点，
>
> $$a = x_0 < x_1 < x_2 < \cdots\cdots < x_n = b$$
>
> によって，n 個の区間に等分し，
>
> $$\Delta x = \frac{b-a}{n}$$
>
> とおく。関数 $y = f(x)(\geqq 0)$ の表すグラフと x 軸，および，二直線 $x = a$，$x = b$ に囲まれた領域の面積 S は，
>
> $$S = \lim_{n \to \infty} \sum_{i=1}^{n} f(x_i)\,\Delta x$$
>
> によって定義される。これを図形の面積に関する"**区分求積法**"という。

(1) $f(x) = x$ のとき，$f(x_i) = \dfrac{i}{\boxed{}}$ とかけ，

$$\sum_{i=1}^{n} i = 1 + 2 + \cdots\cdots + (n-1) + n$$
$$= (n+1) + (n+1) + \cdots\cdots + (n+1)$$
$$= \frac{1}{2}\boxed{}(n+1)$$

とかけるから，

$$S = \lim_{n \to \infty} \frac{1}{2}\left(\boxed{} + \frac{1}{n}\right) = \frac{1}{\boxed{}}$$

を得る (図 1.5)。

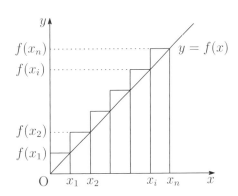

図 1.5: 直線 $y = x$ と区分求積

(2) $f(x) = x^2$ のとき，$f(x_i) = \dfrac{i^2}{\boxed{}}$ とかけ，

$$\sum_{i=1}^{n} i^2 = 1^2 + 2^2 + \cdots\cdots + (n-1)^2 + n^2$$
$$= \frac{1}{6}n\left(n + \boxed{}\right)\left(\boxed{} + 1\right)$$

とかけるから[1]，

$$S = \lim_{n \to \infty} \frac{1}{6}\left(1 + \frac{1}{n}\right)\left(\boxed{} + \frac{1}{n}\right) = \frac{1}{\boxed{}}$$

を得る (図 1.6)。

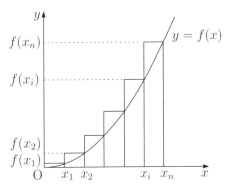

図 1.6: 放物線 $y = x^2$ と区分求積

---

[1] ここで $\sum_{i=1}^{n} i^2$ の計算方法は，p. 54 の |注) に示した。

a, b を定数とする。原点 O とする x-y 平面において、関数 $y = f(x)(\geqq 0)$ の表すグラフと x 軸、および、二直線 $x = a, x = b$ に囲まれた領域の面積 S (下図の斜線部) は、$a < b$ のとき、

$$S = \int_a^b f(x)\,dx$$

なる定積分の値に等しい。

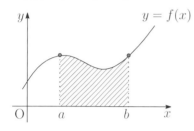

図 1.7: 関数 $y = f(x)$ のグラフと面積

n を自然数、k を定数とし、$f(t), g(t)$ をそれぞれ t の関数とする。変数 t に関する微分を "**時間微分**" といい、

I. $\dfrac{d}{dt} t^n = n t^{n-1}$

II. $\dfrac{d}{dt}\{k f(t)\} = k \dfrac{df(t)}{dt}$

III. $\dfrac{d}{dt}\{f(t) + g(t)\} = \dfrac{df(t)}{dt} + \dfrac{dg(t)}{dt}$

が成り立つ。また、変数 t に関する積分を "**時間積分**" といい、

IV. $\displaystyle\int t^n\,dt = \dfrac{1}{n+1} t^{n+1} + C$

V. $\displaystyle\int \{k f(t)\}\,dt = k \int f(t)\,dt$

VI. $\displaystyle\int \{f(t) + g(t)\}\,dt$
$\qquad\qquad = \displaystyle\int f(t)\,dt + \int g(t)\,dt$

が成り立つ (C は積分定数である)。

(3) 下端 0, 上端 1 の関数 $f(x) = x$ の定積分は、

$$\int_0^1 x\,dx = \frac{1}{\boxed{}}\left[x^2\right]_0^1 = \frac{1}{\boxed{}}$$

となり、これは (1) の S に一致している。

(4) 下端 0, 上端 1 の関数 $f(x) = x^2$ の定積分は、

$$\int_0^1 x^2\,dx = \frac{1}{\boxed{}}\left[x^3\right]_0^1 = \frac{1}{\boxed{}}$$

となり、これは (2) の S に一致している。

1.3 時間微分と時間積分

問題 9 x_0, v_0, a_0 をそれぞれ定数とし、C を積分定数とする。次の条件を満たす関数 $x(t)$ や $v(t)$ について、時間微分や時間積分を行い、下記空欄に x_0, v_0, a_0 のいずれか、または、定数を書き込め。

(1) $x(t) = x_0 + v_0 t \quad \Longrightarrow \quad \dfrac{dx(t)}{dt} = \boxed{}$

(2) $v(t) = v_0 + a_0 t \quad \Longrightarrow \quad \dfrac{dv(t)}{dt} = \boxed{}$

(3) $x(t) = x_0 + v_0 t + \dfrac{1}{2} a_0 t^2$
$\Longrightarrow \dfrac{dx(t)}{dt} = \boxed{} + \boxed{}\, t$

(4) $\dfrac{dv(t)}{dt} = a_0$
$\Longrightarrow v(t) = \displaystyle\int \boxed{}\,dt = \boxed{}\, t + C$

(5) $\dfrac{dx(t)}{dt} = v_0$
$\Longrightarrow x(t) = \displaystyle\int \boxed{}\,dt = \boxed{}\, t + C$

(6) $\dfrac{dx(t)}{dt} = v_0 + a_0 t$
$\Longrightarrow x(t) = \displaystyle\int \left(\boxed{} + \boxed{}\, t\right)dt$
$\qquad = \boxed{}\, t + \dfrac{1}{\boxed{}} a_0 t^2 + C$

第2章 物理量と単位

2.1 長さ・質量

問題1 1971年の国際規約においては、北極点から赤道に至る距離に相等する線分の長さがちょうど 1×10^7 m となるように、単位長さの 1 m が定義された (図 2.1)。地球を球体とみなし、その半径を r とする場合について、下記空欄に値を書き込め。

(1) 地球一周を km で表すと $4\times 10^{\boxed{}}$ km だから
$$\boxed{}\times \pi \times r = 4\times 10^{\boxed{}}$$
が成り立つ (空欄には整数が入る)。

(2) $\pi = 3.14$ とし、有効数字3桁まで求めると、
$$r = \boxed{} \times 10^3 \text{ km}$$
を得る (空欄には小数第2位までの値が入る)。

図 2.1: 北極点から赤道までの距離

> 最小桁にだけ誤差が含まれるとして記された数を"**有効数字**"という。また、整数部分が 0 でない一桁の数となるように 10 の累乗をかけて示された数を"**科学指数表示**"という。

> 例えば、0.00023652 を有効数字 3 桁で表すときには、連続する 0 を除いた左から 4 つ目の位の数を四捨五入し 0.000237 とする (科学指数表示では 2.37×10^{-4} とかける)。

問題2 1889年の国際規約で金属を用いた定義がなされる以前には、体積 1 cm³ の水と天秤でつり合う物体の質量が 1 g と定義されていた (図 2.2)。これについて、下記空欄に値 (整数) を書き込め。

(1) 体積 20 cm³ の水と天秤でつり合う物体の質量は $\boxed{}$ g である[1]。

(2) 質量 1 kg の水の体積は $1\times 10^{\boxed{}}$ cm³ であり、これを 1 ℓ とも表す。このとき、2 ℓ のペットボトルを満たす水の質量は $\boxed{}$ kg である。

---

[1] YouTube「ぶつりじっけん 物体のつり合い」にて、実験を公開中。

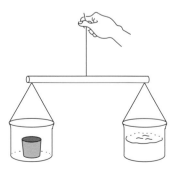

図 2.2: 天秤

2.2 単位当たりの力

問題3 軽いばねを天井から鉛直に吊るし、このばねの下端に、1個当たりの質量が $m = 20.1$ g のおもりを n 個 ($n = 0$〜4) 取り付ける実験を行った (図 2.3)。おもりを n 個取り付けた場合のばねののび Δx_n について、表 2.1 が得られた[2]。この実験について、次の問いに答えよ。

(1) ばねののびを Δx とする。表 2.1 の実験値を用いることで、おもりの個数 n に対するばねののび Δx の関係を下図にプロットし、直線で表せ。

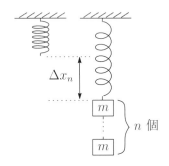

図 2.3: ばねの自然長とばねののび

表 2.1: おもりの個数とばねののび

n [個]	Δx_n [cm]	w_n [g重]
0	0.00	
1	1.64	
2	3.29	
3	4.93	
4	6.57	

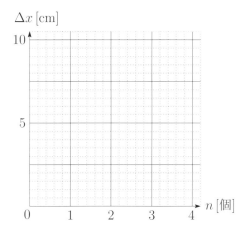

(2) 上図から得られることは、ばねに取り付けられたおもりの個数とばねののびが □ するということである。空欄に適切な語句を書き込め。

(3) 鉛直に吊るされたばねの下端に取り付けられた質量 1 g の物体がばねを引く力を 1 g 重 と定義しよう。このとき、表 2.1 のおもりの個数 n に比例するとして、ばねを引く力 w_n を定義したい。

表 2.1 のばねの伸びに対するばねを引く力の値をそれぞれ求め、それらの値 (小数点第 1 位まで) を、同表の空欄に書き込め。

歴史的には、質量 1 kg の物体がばねを引く力を 1 kg 重 と定義していた。このとき、質量 1000 g の物体がばねを引く力は 1000 g 重 とでき、質量 1 g の物体がばねを引く力が 1 g 重 に相等すると定義しても矛盾は生じない。

---

[2] YouTube「ぶつりじっけん ばねに加えられた力とばねののび」にて、実験を公開中。

2.2. 単位当たりの力

(4) ばねに加えられた力を w とする。表 2.1 を用いて, w とばねののび Δx の関係を下図に示せ。

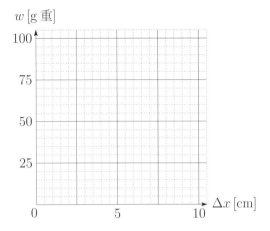

「ばねののびは, ばねに加えられた力に比例する」という, ばねに関する性質を "**フックの法則**" という。

鉛直に吊るされたばねの下端に加えられた力の大きさを w, そのときのばねののびを Δx とすると, フックの法則より, 比例定数を $k(>0)$ として,
$$w = k\Delta x$$
とかける。ここで, k は "**ばね定数**" と呼ばれ「ばねののびにくさ」を表す。

(5) (4) で得られたグラフは,

$\Delta x = 2.50\,\text{cm}$ のとき $w = \boxed{}$ g重,
$\Delta x = 7.50\,\text{cm}$ のとき $w = \boxed{}$ g重

を通るから, ばねのばね定数を k とすると,

$$k = \frac{\boxed{} - \boxed{}}{7.50 - 2.50} = \boxed{}\ \text{g重/cm}$$

である。空欄に小数点第 1 位までの値を書き込め(解答に比べて ±0.5 程度のずれがあってもよい)。

座標を読み取るときには, 原則として最小目盛りの 1/10 まで値を読む。

左図では, 横軸が 0.5 cm 刻みだから, 0.05 刻みで小数点第 2 位まで, 縦軸は 5 g重 刻みだから, 0.5 刻みで小数点第 1 位まで読むこと。

問題 4 質量 1 g の物体を吊るしたときにちょうど 1 mm だけ伸びるばねを内蔵した "**ばねばかり**" (図 2.4) について, 下記空欄に値 (有効数字 3 桁) を書き込め。

(1) このばねばかりに質量 100 g の物体を取り付けたときのばねののびは $\boxed{}$ cm となる。このとき, ばねばかりに取り付けられた物体がばねを引く力の大きさは $\boxed{}$ g重 である。

(2) ばねばかり装置全体の質量が 122 g であるとする。(1) のばねばかりを手で持って支えるときに, 手がばねばかりに加え続けなければならない力の大きさは $\boxed{}$ g重 である。

左問では, それぞれ 3 個分の並びの数字を記入すれば, 有効数字 3 桁となる。

図 2.4: おもりを吊るしたばねばかり

第 2 章 物理量と単位

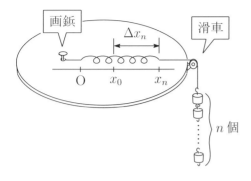

図 2.5: なめらかな水平面上のばね

表 2.2: おもりの個数とばねののび

おもりの 個数 n [個]	ばねののび Δx_n [cm]
1	1.65
2	3.30
3	4.90
4	6.50
5	8.15

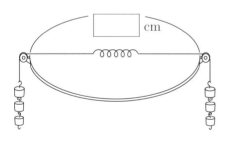

図 2.6: 両端を引っ張られたばね

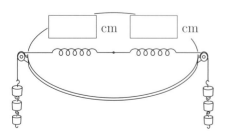

図 2.7: 水平に連結された 2 つのばね

問題 5　なめらかで水平な円卓の上にばねの一端を (画鋲で) 固定することを考えよう。ばねの他端には, おもりの取り付けられた軽い糸を取り付け, おもりは滑車を介して鉛直に吊るしたとする。

ばねの自然長が $x_0 = 1.45\,\mathrm{cm}$ となるように原点 O を定め, 1 個当たりの質量が $m = 20.1\,\mathrm{g}$ のおもりを n 個 (n は自然数) 吊るしたとき, 伸ばされたばねの先端の位置を x_n とする (図 2.5)。ばねののびを Δx_n とするとき, 次の問いに答えよ。

(1) ばねののびを Δx, おもりによってばねに加えられた力を w とする。表 2.2 を利用することで, Δx に関する w の関係を下図に示せ[3]。

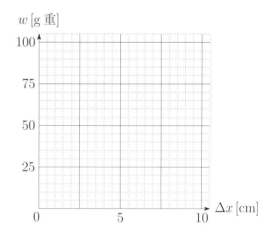

(2) 表 2.2 と同じばね定数のばねの両端に 3 個ずつおもりを吊り下げる場合について, このばねののびを図 2.6 の空欄に小数点第 2 位まで記入せよ。

(3) (2) と同じばね定数のばね二つを連結し, それぞれのばねの他端に 3 個ずつのおもりを吊り下げる場合について, これらのばねののびを図 2.7 の空欄に小数点第 2 位まで記入せよ。

---

[3] **YouTube**「ぶつりじっけん　水平に伸ばされたばねののび」にて, 実験を公開中。

2.2. 単位当たりの力

2.2.1 力の平行四辺形の法則

問題 6 水平でなめらかな円卓上に置かれた，同じばね定数の三本のばね A, B, C を糸を介して一点で結び合わせた。ばねの連結点 O には，ばね A, B, C の向きに，順に $\vec{F}_A, \vec{F}_B, \vec{F}_C$ なる力が働くとする。1個当たりのばねの伸びが $1.63\,\mathrm{cm}$ となる質量のおもりを用いる場合について[4]，次の問いに答え，空欄には値(小数点第2位まで)を書き込め。

> 平面内の二力 $\vec{F}_A, \vec{F}_B$ を一点 O に加えたときに生じる"**合力**"は，これらを隣り合う二辺とする平行四辺形の対角線に大きさが等しく，O からその対角に向けた力に等しい(下図の $\vec{F}$)。これを"**力の平行四辺形の法則**"という。
>
>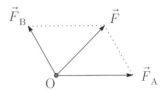
>
> 図 2.8: 力の平行四辺形の法則

(1) どの2つのばねも $120°$ をなすように滑車を介して三個ずつのおもりを取り付けたら，いずれのばねも静止した。それぞれのばねののびを図 2.9 の空欄に記入し，$\vec{F}_C$ を下図に作図せよ。

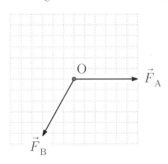

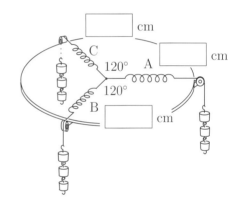

図 2.9: 等方的に引かれたばねののび

(2) ばね A, B, C に取り付けるおもりの個数をそれぞれ 3, 4, 5 個とし，ばね A と B のなす角を $90°$ に保ち，かつ，ばね C を特定の方向に向けたら，いずれのばねも静止した。それぞれのばねののびを図 2.10 の空欄に記入し，$\vec{F}_C$ を下図に作図せよ。

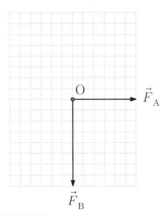

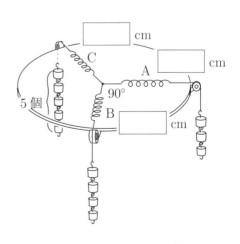

図 2.10: 水平面上の3つのばねののび

---
[4] **YouTube**「ぶつりじっけん　平面内における力のつり合い」にて，実験を公開中。

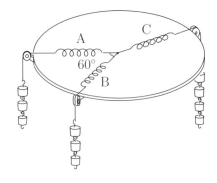

図 2.11: 円卓上で静止する 3 つのばね

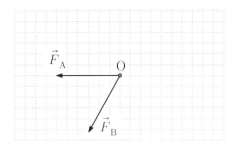

図 2.12: 水平面内における三つの力

問題 7 水平な円卓上に置かれた, 同じばね定数の三本のばねをそれぞれ A, B, C とし, これらを糸を介して一点で結び合わせた。ばね A とばね B の他端には, 滑車を介して 1 個当たり 20.1 g のおもりを三個ずつ取り付け, これらのばねのなす角を 60° とし (図 2.11), ばね C には質量 x [g] のおもりを吊り下げたところ, いずれのばねも静止した。糸の質量は無視できるとして, 次の問いに答えよ。

(1) 平面内の点 O に, ばね A, B による図 2.12 の二力 $\vec{F}_A$, $\vec{F}_B$ が働くとする。点 O が始点とするとき, 同図内にばね C による力 $\vec{F}_C$ を描き込め。

(2) 図 2.12 より, $\vec{F}_C$ の大きさ, $|\vec{F}_C|$ は,

$$|\vec{F}_C| = \boxed{} |\vec{F}_A| = \boxed{} |\vec{F}_B|$$

とかける。上記空欄に値 (実数) を書き込め。

(3) (2) で $|\vec{F}_A| = |\vec{F}_B| = \boxed{}$ g重 だから, $\sqrt{3} \fallingdotseq 1.73$ とすると $|\vec{F}_C| = \boxed{}$ g重 とかけ,

$$x = \boxed{} \text{ g}$$

を得る。上記空欄に値 (有効数字 3 桁) を書き込め。

2.3 時間

問題 8 図 2.13 のように, 観測者 O からみた場合に, 春分や秋分における太陽が天球上を 15° だけ移動することを 1 h と定義しよう[5]。このとき, 下記空欄に値 (整数) を書き込め。

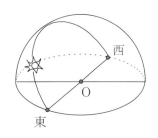

図 2.13: 天球上の太陽の軌跡

(1) 一日は, 太陽が $\boxed{}$ ° 移動することを表す。これは 15° の $\boxed{}$ 倍だから, 1 日は $\boxed{}$ h に相等するといえる。

(2) 1 時間を 3.6×10^3 s として定義すると, 一日は, $\boxed{} \times 10^2$ s に相等している。

---
[5] YouTube「ぶつりじっけん 日時計」で公開中の太陽の影の変化を利用した時間の定義も, 原理は同じである。

第3章 運動学

3.1 等速直線運動

問題1 下記空欄に値(整数)を書き込め。

時速72キロメートルの速さとは、1時間当たりに直線上を ☐ キロメートルだけ対象が移動することを表す。すなわち、時速72キロメートルの速さで等速直線運動する電車が2時間走り続ければ ☐ キロメートルだけ移動し、30分間走り続ければ ☐ キロメートルだけ移動する。

問題2 一直線上を一定の速さで移動しているカーリングのストーンがある時刻に通過した x_0 地点から、その進行方向に平行な直線上の1メートル毎の地点を順に x_1, x_2, x_3 とする (図3.1)。ストーンが x_0 を通過した1秒後に x_2 を通過するとして、下記空欄に値(小数点第1まで)を書き込め。

(1) ストーンの速さは ☐ m/s であり、x_3 地点に到達するのに要する時間は ☐ s となる。

(2) ストーンの移動距離を ℓ、移動に要した時間を Δt とするとき、ストーンの運動を図3.2に示せ。

(3) ストーンの秒速を時速に変換するときには、

$$1\,\text{s} = \frac{1}{3.6} \times 10^{-3}\,\text{h}$$

と、$1\,\text{m} = 1 \times 10^{-3}\,\text{km}$ を考慮すると、(1) より、

$$\boxed{} \times \frac{1 \times 10^{-3}\,\text{km}}{\frac{1}{3.6} \times 10^{-3}\,\text{h}} = \boxed{}\,\text{km/h}$$

とできる。

一直線上を一様に動く対象の運動を"等速直線運動"という。等速直線運動する対象の移動距離を $\ell(>0)$、移動に要した時間を Δt とすると、ℓ は Δt に比例するから、その比例定数 v_0 は、

$$v_0 = \frac{\ell}{\Delta t}$$

を満たす。ここで v_0 を等速直線運動する対象の"速さ"といい、「単位時間当たりの対象の移動距離」を表す。

図3.1: 水平な直線上を移動する物体

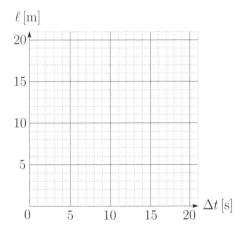

図3.2: カーリングのストーンが移動するのに要した時間と移動距離の関係

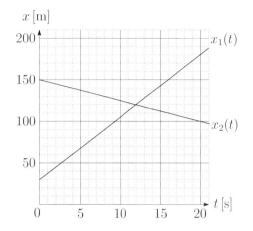

図 3.3: 二つの自動車の運動を表す直線

3.1.1 x-t グラフ

問題 3 一直線上を走行する二台の自動車がある時刻ですれ違った。時刻 t における自動車 1 の位置を $x = x_1(t)$, 自動車 2 の位置を $x = x_2(t)$ として得られる図 3.3 の二直線について、下記空欄に値を書き込め。

(1) 直線 $x = x_1(t)$ は, $(0, 30)$, $(20, 180)$ を通るから、自動車 1 の速度を v_1 とすると、

$$v_1 = \frac{\boxed{} - \boxed{}}{20} = \boxed{} \text{ m/s}$$

とかける。図より、この直線の切片は $\boxed{}$ だから、時刻 t における自動車 1 の位置 $x_1(t)$ は,

$$x_1(t) = \boxed{} t + \boxed{} \quad \cdots\cdots ①$$

とかける。

(2) 直線 $x = x_2(t)$ は, $(0, 150)$, $(20, 100)$ を通るから、自動車 2 の速度を v_2 とすると、

$$v_2 = \frac{\boxed{} - \boxed{}}{20} = -\boxed{} \text{ m/s}$$

とかける。図より、この直線の切片は $\boxed{}$ だから、時刻 t における自動車 2 の位置 $x_2(t)$ は,

$$x_2(t) = -\boxed{} t + \boxed{} \quad \cdots\cdots ②$$

とかける。

(3) 二台の自動車がすれ違った時刻を t' とする。$x_1(t') = x_2(t')$ とし、①−② を計算すると、

$$0 = \boxed{} t' - \boxed{}$$

とかける。これを解けば,

$$t' = \boxed{} \text{ s}$$

より、① に代入して $x_1(t') = \boxed{}$ m を得る。すなわち二台の自動車がすれ違う時刻は $\boxed{}$ s で、それは原点からみて $\boxed{}$ m 地点となる。

一直線上を移動する対象の軌跡に沿った x 軸を定めると、対象の位置 x は、時刻 t が与えられると一意的に定まるから、$x = x(t)$ と表せる。横軸 t, 縦軸 x とする関数 $x = x(t)$ のグラフを対象の運動を表す "**x-t グラフ**" といい、位置の変化量を "**変位**" という。

等速直線運動する対象が、Δx だけ変位する時間を Δt とするときに、

$$v = \frac{\Delta x}{\Delta t}$$

を満たす定数 v を対象の "**速度**"($|v|$ を速さ)といい「単位時間当たりの対象の変異」を表す。異なる時刻 t_1, t_2 について、$\Delta t = t_2 - t_1$, $\Delta x = x(t_2) - x(t_1)$ とかけるから、

$$v = \frac{x(t_2) - x(t_1)}{t_2 - t_1}$$

とかける。すなわち等速直線運動する対象の x-t グラフは直線となり、その傾きが対象の速度を表す。

3.2 等加速度運動

問題 4 斜面上を初速 0 で物体が滑り落ちる場合について、斜面に沿った x 軸を定め、最初に物体が置かれた位置を原点 O とする (図 3.4)。

物体が滑り出した瞬間を時刻 0、それ以降の時刻を t とするとき、0.5 秒毎の物体の位置 x について得られた表 3.1 について[1]、次の問いに答えよ。

(1) この物体の運動を図 3.5 の x-t グラフに示せ。

(2) 下記空欄に値を書き込め。

図 3.5 のグラフは、原点 O と点 (0.5, 0.05) を通るから、この間の物体の平均の速度を $\bar{v}_1$ とすると、

$$\bar{v}_1 = \frac{1}{0.5} \times \boxed{} = \boxed{} \text{ m/s}$$

となる。同様に、二点 (0.5, 0.05), (1.0, 0.20) における物体の平均の速度を $\bar{v}_2$ とすると、

$$\bar{v}_2 = \frac{\boxed{} - \boxed{}}{1.0 - 0.5} = \boxed{} \text{ m/s}$$

とかけ、二点 (1.0, 0.20), (1.5, 0.45) における物体の平均の速度を $\bar{v}_3$ とすると、

$$\bar{v}_3 = \frac{\boxed{} - \boxed{}}{1.5 - 1.0} = \boxed{} \text{ m/s}$$

である。また、二点 (1.5, 0.45), (2.0, 0.80) における物体の平均の速度を $\bar{v}_4$ とすると、

$$\bar{v}_4 = \frac{\boxed{} - \boxed{}}{2.0 - 1.5} = \boxed{} \text{ m/s}$$

だから、0.5 秒毎の平均の速度の変化量はいずれも等しく、$\boxed{}$ m/s とできる。これより、物体の加速度を a とすると、

$$a = \frac{1}{0.5} \times \boxed{} = \boxed{} \text{ m/s}^2$$

と求まる。

---

[1] YouTube「ぶつりじっけん 斜面を滑り落ちる物体の運動」にて、実験を公開中。

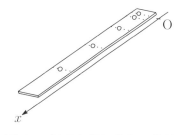

図 3.4: 斜面を滑り落ちる物体

表 3.1: 滑り始めて以降の物体の位置

t [s]	0.0	0.5	1.0	1.5	2.0
x [m]	0.00	0.05	0.20	0.45	0.80

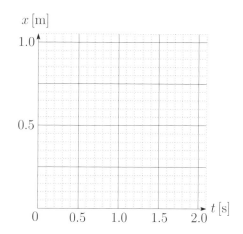

図 3.5: 滑り始めてからの物体の位置

一直線上を運動する対象が Δt 時間に Δx だけ変位するときに、

$$\bar{v} = \frac{\Delta x}{\Delta t}$$

で定義される $\bar{v}$ を"**平均の速度**"という。特に、単位時間当たりの $\bar{v}$ の変化量が、Δt によらず一定となるときの対象の運動を"**等加速度運動**"といい、

$$a = \frac{\Delta \bar{v}}{\Delta t}$$

によって定義される a を、等加速度運動する対象の"**加速度**"という。

3.2.1　v-t グラフ

問題5　初速 0 で物体を落下させた場合に (これを"**自由落下**"という), 物体の落下方向に y 軸を定め, 最初の物体の位置を原点 O とする (図 3.6)。

物体が離された瞬間を時刻 0, それ以降の時刻を t とするとき, 0.25 秒毎の物体の位置 y について得られた表 3.2 について次の問いに答え, 空欄には値 (小数点第 1 位まで) を書き込め[2]。

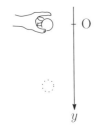

図 3.6: 自由落下する物体

表 3.2: 落下時間と落下距離の関係

t [s]	0.00	0.25	0.50	0.75	1.00
y [m]	0.0	0.3	1.2	2.7	4.8

(1) この物体の運動を図 3.7 の y-t グラフに示せ。

(2) 図 3.7 のグラフは原点 O と点 (0.25, 0.3) を通るから, この間の物体の平均の速度を $\bar{v}_1$ とすると,

$$\bar{v}_1 = \frac{1}{0.25} \times \boxed{} = \boxed{} \text{ m/s}$$

となる。同様に, 二点 (0.25, 0.3), (0.50, 1.2) における物体の平均の速度を $\bar{v}_2$ とすると,

$$\bar{v}_2 = \frac{\boxed{} - \boxed{}}{0.50 - 0.25} = \boxed{} \text{ m/s}$$

とかけ, 二点 (0.50, 1.2), (0.75, 2.7) における物体の平均の速度を $\bar{v}_3$ とすると,

$$\bar{v}_3 = \frac{\boxed{} - \boxed{}}{0.75 - 0.50} = \boxed{} \text{ m/s}$$

である。また, 二点 (0.75, 2.7), (1.00, 4.8) における物体の平均の速度を $\bar{v}_4$ とすると,

$$\bar{v}_4 = \frac{\boxed{} - \boxed{}}{1.00 - 0.75} = \boxed{} \text{ m/s}$$

である。

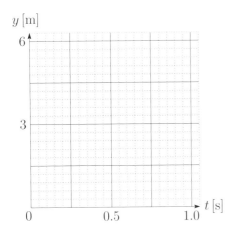

図 3.7: 落下時間と落下距離の関係

(3) 物体の運動を図 3.8 の $\bar{v}$-t グラフに示せ。

(4) 物体の加速度を a とすると,

$$a = \frac{1}{0.25} \times \boxed{} = \boxed{} \text{ m/s}^2$$

と求まり, これを"**重力加速度**"という[3]。

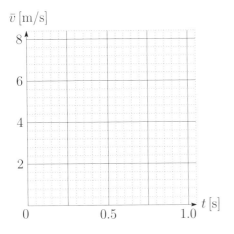

図 3.8: 落下時間と平均の速度の関係

---
[2] **YouTube**「ぶつりじっけん　自由落下」にて公開中。
[3] 以降では, 重力加速度を g とかくことにしたい。重力加

3.2. 等加速度運動

(5) 図 3.8 の閉区間 $[0.00, 0.25]$ における物体の移動距離を Δy_1 とすると,

$$\Delta y_1 = \bar{v}_1 \times 0.25 = \boxed{} \text{ m}$$

とかける。同様に, 閉区間 $[0.25, 0.50]$ における移動距離を Δy_2 とすると,

$$\Delta y_2 = \bar{v}_2 \times 0.25 = \boxed{} \text{ m}$$

とかけ, 閉区間 $[0.50, 0.75]$ における移動距離を Δy_3 とすると,

$$\Delta y_3 = \bar{v}_3 \times 0.25 = \boxed{} \text{ m}$$

とかける。また, 閉区間 $[0.75, 0.10]$ における移動距離を Δy_4 とすると,

$$\Delta y_4 = \bar{v}_4 \times 0.25 = \boxed{} \text{ m}$$

とかけるから, 物体が離されてから 1.00 秒後までの物体の落下距離を Δy とすると,

$$\Delta y = \sum_{i=1}^{4} \Delta y_i = \boxed{} \text{ m}$$

を得る (表 3.2 における $t = 1.00\,\text{s}$ の y に等しい)。

(6) 時刻 t における物体の瞬間の速度を $v = v(t)$ とおく。図 3.8 のグラフの「それぞれの平均の速度の中点を結んで得られる直線」を図 3.9 に描き込むことで, 物体の運動を表す v-t グラフを示せ。

(7) (6) で得られた図 3.9 におけるの直線は,

$$t = 1.00\,\text{s} \text{ のとき}, v = \boxed{} \text{ m/s}$$

を満たす。図 3.9 の閉区間 $[0.00, 1.00]$ において, 同図の直線と時間軸に囲まれた領域より得られる

$$\frac{1}{2} \times 1.00 \times \boxed{} = \boxed{} \text{ m}$$

は, 物体の落下距離 ((5) で求めた Δy) に一致する。

速度の標準値は $g = 9.8\,\text{m/s}^2$ であることが調べられている (この問題では $0.2\,\text{m/s}^2$ ほどの誤差があるので注意せよ)。

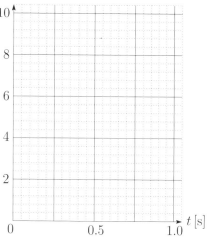

図 3.9: 落下時間と瞬間の速度の関係

一直線上を運動する対象の速度 v は, 時刻 t が与えられると一意的に定まるから, $v = v(t)$ と表せる。これを対象の "**瞬間の速度**" といい, 横軸 t, 縦軸 v とする関数 $v = v(t)$ のグラフを対象の運動を表す "v-t **グラフ**" という。

等加速度運動では「Δt 時間における瞬間の速度の変化量 Δv が, 平均の速度の変化量 $\Delta \bar{v}$ に等しい」から, 対象の加速度を a とすると,

$$a = \frac{\Delta v}{\Delta t}$$

が成り立つ。このとき, 異なる時刻 t_1, t_2 について, $\Delta t = t_2 - t_1$, $\Delta v = v(t_2) - v(t_1)$ とかけるから,

$$a = \frac{v(t_2) - v(t_1)}{t_2 - t_1}$$

を得る。すなわち等加速度運動する対象の v-t グラフは直線となり, その傾きが対象の加速度を表す。

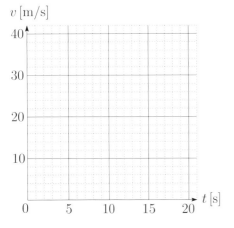

図 3.10: 時刻と瞬間の速度の関係

等加速度運動する対象の v-t グラフは直線となり，その傾きは対象の加速度を表す。異なる時刻 t_1, t_2 に対して閉区間 $[t_1, t_2]$ における直線と時間軸に囲まれた領域 (下図の斜線部) は，その時間内での対象の変位に対応する。

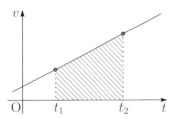

図 3.11: v-t グラフにみる対象の変位

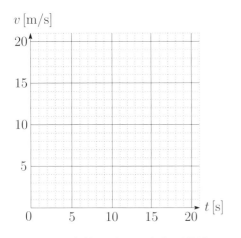

図 3.12: 時刻と瞬間の速度の関係

3.2.2 v-t グラフの性質

問題 6 停車していた自動車が一定の加速度で一直線上を加速し，5.0 秒後の瞬間の速度が 7.5 m/s に達した。この自動車について次の問いに答え，空欄には値 (有効数字 2 桁) を書き込め。

(1) 自動車が動き始めてから 10 秒後の瞬間の速度は ☐ m/s であり，この自動車が動き始めてから 20 秒後の瞬間の速度は ☐ m/s である。

(2) 自動車が動き始めた瞬間を時刻 0 とするとき，時刻 t と瞬間の速度 $v(t)$ の関係を図 3.10 の v-t グラフに描き込め。

(3) この自動車の加速度は，(2) で得られた直線の傾きに対応するから，☐ m/s² と求まる。

問題 7 一直線上を速度 20 m/s で走っている電車がブレーキをかけ，停車するまでの間，2.0 m/s² の加速度で減速した。これについて次の問いに答え，空欄には値 (有効数字 2 桁) を書き込め。

(1) 電車の速度は一秒当たりに ☐ m/s だけ遅くなるから，電車が停車するまでに要した時間は ☐ s となる。

(2) 電車がブレーキをかけはじめた瞬間を時刻 0 とする場合について，時刻 t における瞬間の速度 $v(t)$ の関係を図 3.12 の v-t グラフに描き込め。

(3) 電車が停車するまでに移動した距離は，図 3.12 の閉区間 $[0.0, \boxed{}]$ における直線と時間軸で囲まれた領域に対応するから，

$$\frac{1}{2} \times \underbrace{\boxed{}}_{\text{(横軸との交点)}} \times \underbrace{20}_{\text{(縦軸との交点)}} = \boxed{} \times 10^2 \text{ m}$$

と求まる。

3.2. 等加速度運動

問題 8 高さ 40 m の崖の上から、水平方向に初速 21 m/s でボールを投げた[4]。ボールを投げた瞬間を時刻 0, それ以降の時刻を t [s] とし、時刻 0 における物体の位置を原点 O とする。物体を投げた水平方向を x 軸の正、鉛直下方を y 軸の正に定め (図 3.13), 空気の影響は無視できるとするとき、下記空欄に値 (有効数字 2 桁) を書き込め。

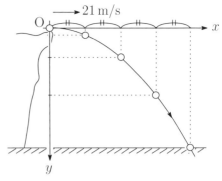

図 3.13: 崖から水平投射された物体

(1) x 軸方向の物体の瞬間の速度を $v_x(t)$ とすると,

$$v_x(t) = \boxed{} \text{ m/s} \quad \cdots\cdots ①$$

だから、このときの物体の位置 $x(t)$ は,

$$x(t) = \boxed{} t \text{ (m)} \quad \cdots\cdots ②$$

とかける (図 3.14 を参照)。y 軸方向の瞬間の速度を $v_y(t)$ とすると、重力加速度を 9.8 m/s^2 として,

$$v_y(t) = \boxed{} t \text{ (m/s)} \quad \cdots\cdots ③$$

だから、時刻 t での物体の位置 $y(t)$ は,

$$y(t) = \boxed{} t^2 \text{ (m)} \quad \cdots\cdots ④$$

とかける (図 3.15 を参照)。

(2) 物体が 40 m 落下したときの時刻を t' とすると、④ で $y(t') = 40$ として $40 = \boxed{} t'^2$ より

$$t' = \sqrt{\frac{\boxed{} \times 10^2}{49}} = \frac{\boxed{}}{7.0} \text{ s} \quad \cdots\cdots ⑤$$

を得る ($t' > 0$ とした)。このとき水平方向への物体の飛距離は、② より $x(t') = \boxed{}$ m となる。

(3) ⑤ の時刻の水平方向に対する物体の速度は、① より $v_x(t') = \boxed{}$ m/s であり、鉛直方向に関する物体の速度は ③ より $v_y(t') = \boxed{}$ m/s とかける。このときの物体の速さを $v(t')$ とすると,

$$v(t') = \sqrt{\boxed{}^2 + \boxed{}^2} = \boxed{} \text{ m/s}$$

を得る。

---

[4] YouTube「ぶつりじっけん　水平投射と自由落下」にて、実験を公開中。

空気の影響が無視できるとき、水平投射された物体は、水平方向には等速直線運動を行う (実験事実)。これより、v_x-t グラフにおける物体の運動は、初速 v_0 が切片の t 軸に平行な直線となる。落下から Δt 時間後の物体の変位は、図 3.14 の斜線部に対応する。

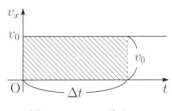

図 3.14: v_x-t グラフ

脚注の実験からも分かるように、鉛直下方には加速度 g の等加速度運動を行う。このため、v_y-t グラフについては、原点 O を通る傾き g の直線が得られ、落下から Δt 時間後の物体の変位は、図 3.15 の斜線部に対応する。

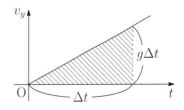

図 3.15: 水平投射における v_y-t グラフ

有効数字2桁まで求めるということは, 左側の連続する0を除いて2つ数値を書かなければならないということである。計算が割り切れない場合などは, 有効数字2桁の次にくる位の数を四捨五入して表す習慣となっている。

一直線上を運動する場合に, 時刻 t で位置 $x(t)$ にある対象の瞬間の速度は,

$$v(t) = \lim_{\Delta t \to 0} \frac{x(t + \Delta t) - x(t)}{\Delta t}$$

として一般化できる。さらに, 対象の加速度 a は, 時刻が与えられると一意的に定まるから, $a = a(t)$ と表せる。これを対象の "**瞬間の加速度**" といい, 時刻 t における瞬間の速度が $v(t)$ である場合の瞬間の加速度は,

$$a(t) = \lim_{\Delta t \to 0} \frac{v(t + \Delta t) - v(t)}{\Delta t}$$

によって定義できる。

ライプニッツの記法を用いれば,

$$\begin{cases} v(t) = \dfrac{dx(t)}{dt} \\ a(t) = \dfrac{dv(t)}{dt} \end{cases}$$

とかけ, それぞれを $x(t)$, $v(t)$ の t に関する "**微分方程式**" という。これらを時間積分して生じる積分定数は, 特定の時刻における瞬間の速度や位置の条件を利用することで決定できる。これらの条件を微分方程式の "**初期条件**" と呼ぶ。

問題9 直線上を速度 $20\,\mathrm{m/s}$ で走る車が時刻 0 でブレーキをかけ, 加速度 $4.0\,\mathrm{m/s^2}$ で減速した。車の進む向きを x 軸の正とし, 時刻 0 における車の位置を原点 O とするとき, 下記空欄に有効数字2桁の値, または, 0 を書き込め。

(1) 時刻 t での車の瞬間の速度を $v(t)$ とすると,
$$\frac{dv(t)}{dt} = - \boxed{} \ \mathrm{m/s^2} \qquad \cdots\cdots ①$$
だから, C_1 を積分定数として ① を積分すると,
$$v(t) = \int \left(- \boxed{} \right) dt$$
$$= - \boxed{}\, t + C_1 \qquad \cdots\cdots ②$$
を得る。初期条件より $v(0) = \boxed{} \ \mathrm{m/s}$ だから, ② で $t = 0$ として $C_1 = \boxed{}$ となり
$$v(t) = - \boxed{}\, t + \boxed{} \qquad \cdots\cdots ③$$
を得る。

(2) 時刻 t での車の位置を $x(t)$ とすると, ③ より,
$$\frac{dx(t)}{dt} = - \boxed{}\, t + \boxed{} \qquad \cdots\cdots ④$$
だから, C_2 を積分定数として ④ を積分すると,
$$x(t) = \int \left(- \boxed{}\, t + \boxed{} \right) dt$$
$$= - \boxed{}\, t^2 + \boxed{}\, t + C_2 \cdots\cdots ⑤$$
を得る。初期条件より $x(0) = \boxed{} \ \mathrm{m}$ だから, ⑤ で $t = 0$ として $C_2 = \boxed{}$ となり
$$x(t) = - \boxed{}\, t^2 + \boxed{}\, t \qquad \cdots\cdots ⑥$$
を得る。

(3) 車が停車した瞬間の時刻を t' とすると, ③ で
$$v(t') = \boxed{} \ \text{として,}$$
$$- \boxed{}\, t' + \boxed{} = 0$$
とかけるから $t' = \boxed{} \ \mathrm{s}$ と求まる。これを ⑥ の右辺に代入して, ブレーキをかけ始めて車が停止するまでに移動した距離は $\boxed{} \ \mathrm{m}$ といえる。

第4章 力学

4.1 運動の第一法則

問題 1　エレベーターの床に置かれた体重計に人を乗せた状況で (図 4.1), 時刻 t に関する体重計の針の指す値 W の変化を調べた。この実験で得られた, 図 4.2 のグラフについて, 下記空欄に (1) では値 (整数) を, (2) では適切な語句を記入せよ。

(1) 停止中に 74 kg を指していた体重計の針は, エレベーターが上昇を始めるとすぐに 80 kg に達し, この状況が 4 秒ほど続いた。このとき人によって体重計に加えられた力は ☐ kg 重 である。その後の 10 秒間は体重計の針は再び 74 kg を指し続け, このとき人によって体重計に加えられた力は ☐ kg 重 といえる。その後エレベーターがブレーキをかけ始めてからの 4 秒程度は, 体重計の針が 68 kg へと変化した。このとき人によって体重計に加えられた力は ☐ kg 重 である[1]。

(2) エレベーターが停止しているときに, 体重計内のばねに加えられた外力の合力は 0 となるのだが, 当実験より, エレベーターが ☐ 運動しているときの体重計内のばねの状態も, エレベーターが停止しているときのばねの状態に等しいといえる。すなわち, 物体に働く合力が 0 のときには, 物体は静止しつづけることの他に, ☐ 運動をしつづけるといったことも起こり得るといえる。

図 4.1: エレベーター内の体重計の様子

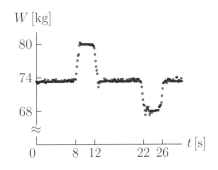

図 4.2: 時刻に関する体重計の針の推移

ニュートンは,「すべての物体は自身に加えられた外力によってその状態を変化させられない限り, 静止, または, 等速直線運動の状態を続ける」と仮定した。この仮説をニュートンによる "**運動の第一法則**" という。

物体が静止や等速直線運動を維持しようとする性質を, その物体の "**慣性**" と呼ぶことから, 運動の第一法則を "**慣性の法則**" ともいう。

---

[1] **YouTube**「ぶつりじっけん　エレベーター内での体重計」にて, 実験を公開中。

4.1.1 慣性質量

問題 2 質量 $m = 53.0\,\text{g}$ のミニカーを二台用意し，それらの屋根を両面テープで張り合わせた質量 $2m$ の物体を"物体1"とし，ミニカー一台からなる質量 m の物体を"物体2"とする(図 4.3)。

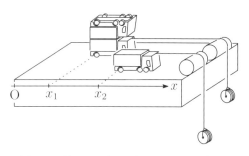

図 4.3: 等しい力で引かれた二物体

物体 1, 2 に，それぞれ軽い糸を取り付け，これらの糸の他端には 50 円玉二枚を取り付けた。水平なベニヤ板の端に，これらのミニカーを並べて置き，滑車を介して吊り下げた 50 円玉を静かに離した。

ベニヤ板の左端を原点 O とし，ミニカーの移動方向を正とする x 軸を定め，手を離して以降の時刻

$$t = 0.0\,\text{s},\ 0.5\,\text{s},\ 1.0\,\text{s},\ 1.5\,\text{s}$$

における物体 1, 2 の位置をそれぞれ，x_1, x_2 とすると，表 4.1 が得られた[2]。

表 4.1: 時刻に対する二物体の位置

$t\,[\text{s}]$	$x_1\,[\text{cm}]$	$x_2\,[\text{cm}]$
0.0	0.0	0.0
0.5	4.1	8.2
1.0	15.0	30.5
1.5	32.7	65.7

(1) 時刻 t に対する位置 x_1, x_2 の関係を，それぞれ，図 4.4 にプロットし，曲線で表せ。

(2) 図 4.4 より得られる物体の性質は，等しい力を加えられた場合には，物体の質量と移動距離が ☐ するということである。空欄に適切な語句を記入せよ。

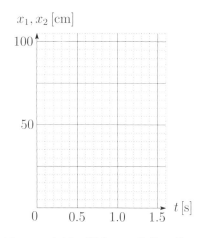

図 4.4: 時刻に関する二物体の位置

(3) 物体 1, 2 の加速度をそれぞれ a_1, a_2 とし，これらがいずれも等加速度運動しているとすれば，

$$\begin{cases} x_1 = \dfrac{1}{\boxed{}} a_1 t^2 & \cdots\cdots\text{①} \\ x_2 = \dfrac{1}{\boxed{}} a_2 t^2 & \cdots\cdots\text{②} \end{cases}$$

を満たす。①, ② と (2) の結果を考慮すると，物体 2 の加速度は，物体 1 の加速度に比べて ☐ 倍であるといえる。空欄に値 (整数) を書き込め。

> 一般に，質量が大きい物体ほど加速しにくい。物体の加速しにくさを表す量を"**慣性質量**"と呼ぶことにすると，慣性質量は，物体の質量に比例する量として定義することができる。

---
[2] YouTube「ぶつりじっけん 質量の異なる物体の加速度の比較」にて，実験を公開中。

4.2 運動の第二法則

問題3 質量 m の物体が自由落下する場合に、物体の落下方向に沿った y 軸を定め、最初に物体があった位置を原点 O とする (図 4.5)。

物体が離された瞬間を時刻 0、それ以降の時刻を t とし、時刻 t での物体の位置を $y(t)$、瞬間の速度を $v(t)$ とする。重力加速度を g とするとき、空欄に m, g, t を用いた式、または、定数を書き込め。

空気の影響が無視できる場合に、物体に働く外力は [　　] (重力) だから、物体の運動方程式は、

$$m\frac{dv(t)}{dt} = \boxed{} \quad \cdots\cdots ①$$

とかける。① の両辺を m で割って、

$$\frac{dv(t)}{dt} = \boxed{} \quad \cdots\cdots ②$$

とでき、C_1 を積分定数として、② を積分すると、

$$v(t) = \int \boxed{} dt$$
$$= \boxed{} + C_1 \quad \cdots\cdots ③$$

を得る。初期条件より $v(0) = \boxed{}$ とできるから、③ で $t=0$ として $C_1 = \boxed{}$ とかけ、

$$v(t) = \boxed{} \quad \cdots\cdots ④$$

を得る。④ より、

$$\frac{dy(t)}{dt} = \boxed{} \quad \cdots\cdots ⑤$$

だから、C_2 を積分定数として ⑤ を積分すると、

$$y(t) = \int \boxed{} dt$$
$$= \frac{1}{2}\boxed{} + C_2 \quad \cdots\cdots ⑥$$

を得る。初期条件より $y(0) = \boxed{}$ とできるから、⑥ で $t=0$ として $C_2 = \boxed{}$ とかけ、

$$y(t) = \frac{1}{2}\boxed{} \quad \cdots\cdots ⑦$$

を得る。

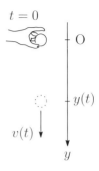

図 4.5: 自由落下する物体の位置と速度

ニュートンは「物体の加速度の変化は、自身に加えられた外力に比例し、その外力を加えられた向きに生じる」と仮定した。この仮説をニュートンの **"運動の第二法則"** という。ここで、質量 $1\,\mathrm{kg}$ の物体を $1\,\mathrm{m/s^2}$ だけ加速するのに要する力を $1\,\mathrm{N}$ と定義する。

質量 m の物体が、外力 F を加えられて一直線上を運動するとき、時刻 t における瞬間の速度を $v(t)$ とすると、

$$m\frac{dv(t)}{dt} = F$$

が成り立つ。これを、外力 F を加えられた物体の **"運動方程式"** という。

重力加速度を g とすると、自由落下する物体では $\frac{dv(t)}{dt} = g$ として、

$$F = mg$$

なる力が物体に働くといえる。これを物体に働く **"重力"** といい、$m = 1\,\mathrm{kg}$, $g = 9.8\,\mathrm{m/s^2}$ とすれば、

$$1\,\mathrm{kg}重 = 9.8\,\mathrm{N}$$

なる関係も得られる。

4.2.1 平面内における物体の運動

問題 4　重力加速度を g とする。時刻 0 で水平方向に初速度 v_0 で質量 m の物体を投げるとき，最初の物体の位置を原点 O, それ以降の時刻を t とする。空気の影響は無視できるとして，空欄に v_0, m, g, t を用いた式，または，定数を書き込め。

(1) v_0 が正となる向きの水平方向を x 軸の正とし (図 4.6), 時刻 t での物体の位置を $x(t)$, 水平方向の物体の速度を $v_x(t)$ とする。水平方向に関しては，物体に外力は働かないから，水平方向に関する物体の運動方程式は，

$$m\frac{dv_x(t)}{dt} = \boxed{} \quad \cdots\cdots ①$$

とかける。① の両辺を m で割って，

$$\frac{dv_x(t)}{dt} = \boxed{} \quad \cdots\cdots ②$$

とでき，C_1 を積分定数として，② を積分すると，

$$v_x(t) = C_1 \quad \cdots\cdots ③$$

を得る。初期条件より $v_x(0) = \boxed{}$ とできるから，③ で $t = 0$ として，$C_1 = \boxed{}$ とかけ，

$$v_x(t) = \boxed{} \quad \cdots\cdots ④$$

を得る。④ より，

$$\frac{dx(t)}{dt} = \boxed{} \quad \cdots\cdots ⑤$$

とかけ，C_2 を積分定数として，⑤ を積分すると，

$$x(t) = \int \boxed{} dt$$
$$= \boxed{} + C_2 \quad \cdots\cdots ⑥$$

を得る。初期条件より $x(0) = \boxed{}$ とできるから，⑥ で $t = 0$ として $C_2 = \boxed{}$ とかけ，

$$x(t) = \boxed{} \quad \cdots\cdots ⑦$$

を得る。

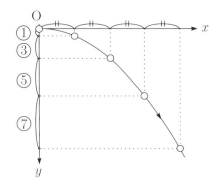

図 4.6: 水平投射された物体の軌跡 (y 軸方向の ○ で囲んだ数は，比を表す)

平面内の物体の運動について，原点 O とする x 軸, y 軸を定めるときには，時刻 t における物体の x 座標と y 座標をそれぞれ $x(t), y(t)$ とおくことができる。時刻 t における物体の x 軸方向の瞬間の速度を $v_x(t)$ とすると，

$$v_x(t) = \frac{dx(t)}{dt}$$

を満たし，時刻 t における物体の x 軸方向の瞬間の加速度を $a_x(t)$ とすると，

$$a_x(t) = \frac{dv_x(t)}{dt}$$

を満たすから，物体に働く x 軸方向の外力を F_x とするとき，質量 m の物体の x 軸方向に関する運動方程式は，

$$m\frac{dv_x(t)}{dt} = F_x$$

によって与えられることになる。

他方で，時刻 t における物体の y 軸方向の瞬間の速度を $v_y(t)$ とすると，

$$v_y(t) = \frac{dy(t)}{dt}$$

を満たす (次頁に続く)。

4.2. 運動の第二法則

(2) 鉛直下方に y 軸の正を定め (図 4.6), 時刻 t における物体の位置を $y(t)$, 鉛直方向の物体の速度を $v_y(t)$ とする。物体に働く鉛直方向の外力は, $\boxed{}$ (重力) だから, 鉛直方向の運動方程式は,

$$m\frac{dv_y(t)}{dt} = \boxed{} \quad \cdots\cdots ①$$

とかける。この式の両辺を m で割って

$$\frac{dv_y(t)}{dt} = \boxed{} \quad \cdots\cdots ②$$

とでき, C_3 を積分定数として, ② を積分すると,

$$v_y(t) = \int \boxed{}\, dt$$
$$= \boxed{} + C_3 \quad \cdots\cdots ③$$

を得る。初期条件より $v_y(0) = \boxed{}$ とできるから, ③ で $t = 0$ として $C_3 = \boxed{}$ とかけ,

$$v_y(t) = \boxed{} \quad \cdots\cdots ④$$

を得る。④ より

$$\frac{dy(t)}{dt} = \boxed{} \quad \cdots\cdots ⑤$$

とかけ, C_4 を積分定数として, ⑤ を積分すると,

$$y(t) = \int \boxed{}\, dt$$
$$= \frac{1}{2}\boxed{} + C_4 \quad \cdots\cdots ⑥$$

を得る。初期条件より $y(0) = \boxed{}$ とできるから, ⑥ で $t = 0$ として $C_4 = \boxed{}$ とかけ,

$$y(t) = \frac{1}{2}\boxed{} \quad \cdots\cdots ⑦$$

を得る。

(3) x 軸, y 軸方向の単位ベクトルをそれぞれ $\vec{e}_x$, $\vec{e}_y$ とすると, 時刻 t における物体の位置ベクトル, 速度ベクトル, 加速度ベクトルは, それぞれ,

$$\begin{cases} \vec{r}(t) = \boxed{}\,\vec{e}_x + \dfrac{1}{2}\boxed{}\,\vec{e}_y \\ \vec{v}(t) = \boxed{}\,\vec{e}_x + \boxed{}\,\vec{e}_y \\ \vec{a}(t) = \boxed{}\,\vec{e}_y \end{cases}$$

とかける。

(前頁の続き) 同様に, 時刻 t における物体の y 軸方向の瞬間の加速度を $a_y(t)$ とすると,

$$a_y(t) = \frac{dv_y(t)}{dt}$$

を満たすから, 物体に働く y 軸方向の外力を F_y とするとき, 質量 m の物体の y 軸方向に関する運動方程式は,

$$m\frac{dv_y(t)}{dt} = F_y$$

によって与えられる。

---

x 軸, y 軸方向の単位ベクトルを $\vec{e}_x$, $\vec{e}_y$ とすると, x-y 平面内を運動する物体の時刻 t における位置は,

$$\vec{r}(t) = x(t)\vec{e}_x + y(t)\vec{e}_y$$

で表すことができ, $\vec{r}(t)$ を物体の "位置ベクトル" という。同様に,

$$\begin{cases} \vec{v}(t) = v_x(t)\vec{e}_x + v_y(t)\vec{e}_y \\ \vec{a}(t) = a_x(t)\vec{e}_x + a_y(t)\vec{e}_y \end{cases}$$

によって表される $\vec{v}(t)$ を物体の "速度ベクトル", $\vec{a}(t)$ を物体の "加速度ベクトル" といい, これを

$$\begin{cases} \vec{v}(t) = \dfrac{d\vec{r}(t)}{dt} \\ \vec{a}(t) = \dfrac{d\vec{v}(t)}{dt} \end{cases}$$

とかく。また, 物体に働く外力を

$$\vec{F} = F_x\vec{e}_x + F_y\vec{e}_y$$

とおくとき, 物体の運動方程式は,

$$m\frac{d\vec{v}(t)}{dt} = \vec{F}$$

とかくことができる。

> 一定の速さで円周上を動き続ける場合の対象の運動を"**等速円運動**"といい, 対象が円周を一周するのに要する時間を等速円運動の"**周期**"という。

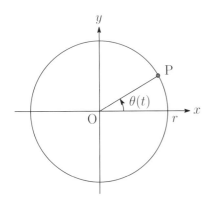

図 4.7: 等速円運動する点 P

> 点 P を含む平面内に点 O と半直線 OX を定め, 線分 OP = $r(>0)$ に対して, OX と OP のなす角を θ とする。O を"**極**", OX を"**始線**", OP を"**動径**", θ を"**偏角**"といい, 紙面に対して, 反時計回りの θ を正とする。
>
> 点 O と原点 $(0,0)$, OX と x 軸がそれぞれ一致するように x-y 平面を定めると (下図), x-y 平面内の点 $P(x,y)$ は, r, θ の組みによって一意的に表せる。点 P の位置を $P(r,\theta)$ と記すとき, これを点 P の"**平面極座標**"という。

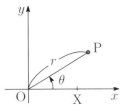

図 4.8: デカルト座標と平面極座標

4.2.2 等速円運動

問題 5 x-y 平面内の原点 O を中心とする半径 r の円周上を動く質量 m の質点 P が等速円運動している。時刻 0 のとき点 P が x 軸の正の部分に位置し, 時刻 t における x 軸と動径 OP の成す角を $\theta(t)$ とする場合には (図 4.7), ω を定数として,

$$\theta(t) = \omega t \quad \cdots\cdots ①$$

が成り立つ。x 軸, y 軸方向の単位ベクトルをそれぞれ $\vec{e}_x, \vec{e}_y$ とし, 円周率を π とするとき, 下記空欄に m, r, ω を用いた式, または, 定数を書き込め。

(1) 点 P が円周上を一周する周期を T とすると, ① において $t = T$ のとき $\theta(t) = \boxed{}$ だから,

$$\omega = \frac{\boxed{}}{T} \quad \cdots\cdots ②$$

が成り立つ。

(2) 時刻 t における点 P の x 座標と y 座標は,

$$x(t) = \boxed{} \cos\omega t, \quad y(t) = \boxed{} \sin\omega t$$

だから, 時刻 t における点 P の位置ベクトルは,

$$\vec{r}(t) = \boxed{} \left(\cos\omega t\, \vec{e}_x + \sin\omega t\, \vec{e}_y\right) \cdots\cdots ③$$

とかける。時刻 t における点 P の速度ベクトルを $\vec{v}(t)$ とすると, $\vec{v}(t)$ の x 成分と y 成分は, それぞれ

$$\begin{cases} v_x(t) = \dfrac{dx(t)}{dt} = -\boxed{} \sin\omega t \\ v_y(t) = \dfrac{dy(t)}{dt} = \boxed{} \cos\omega t \end{cases}$$

とかけるから,

$$\vec{v}(t) = \boxed{} \left(-\sin\omega t\, \vec{e}_x + \cos\omega t\, \vec{e}_y\right)$$

とかける。その大きさを $|\vec{v}(t)| = v_0$ とすると,

$$v_0 = \boxed{} \quad \cdots\cdots ④$$

を得る。

4.2. 運動の第二法則

(3) 時刻 t における点 P の加速度ベクトルを $\vec{a}(t)$ とすると, $\vec{a}(t)$ の x 成分と y 成分は, それぞれ,

$$\begin{cases} a_x(t) = \dfrac{dv_x(t)}{dt} = -\boxed{} \cos\omega t \\ a_y(t) = \dfrac{dv_y(t)}{dt} = -\boxed{} \sin\omega t \end{cases}$$

とかけるから,

$$\vec{a}(t) = -\boxed{} \left(\cos\omega t\, \vec{e}_x + \sin\omega t\, \vec{e}_y \right)$$

とかける。動径方向の単位ベクトルを $\vec{e}_r$ とすると, 点 P の位置ベクトルは $\vec{r}(t) = \boxed{} \vec{e}_r$ とかけるから, ③ より,

$$\vec{e}_r = \cos\omega t\, \vec{e}_x + \sin\omega t\, \vec{e}_y$$

とでき,

$$\vec{a}(t) = -\boxed{}\, \vec{e}_r$$

を得る。また, その大きさを $|\vec{a}(t)| = a_0$ とすると,

$$a_0 = \boxed{} \quad \cdots\cdots ⑤$$

を得る。

(4) 以下では, 質量 m' の太陽を中心とする半径 r の円周上を質量 m の惑星が等速円運動する場合について考えよう。惑星の加速度の大きさを a_0 とすると (図 4.9), ⑤ に ② を代入して,

$$a_0 = \frac{4\pi^2}{T^2} \boxed{} \quad \cdots\cdots ⑥$$

が成り立つ。ここで, κ を正の定数として, ケプラーの第三法則 $T^2 = \kappa r^3$ を用いると, 惑星が太陽から受ける外力の大きさを F_0 として, ⑥ より,

$$F_0 = m a_0 = \frac{4\pi^2}{\kappa} \frac{\boxed{}}{\boxed{}} = G \frac{mm'}{\boxed{}}$$

を得る。最後の式変形では, G を正の定数とし, $4\pi^2 = \kappa G m'$ とおいた。外力 F_0 を太陽-惑星間の **"万有引力"**, 定数 G を **"万有引力定数"** という。

点 O を極とする平面極座標においては, **"動径方向の単位ベクトル"** を $\vec{e}_r$ とし, $\vec{e}_r$ を点 O の回りに $\pi/2$ だけ回転した **"偏角方向の単位ベクトル"** を $\vec{e}_\theta$ とする。このとき, 時刻 t における対象の加速度ベクトル $\vec{a}(t)$ の $\vec{e}_r$ 成分を $a_r(t)$, $\vec{e}_\theta$ 成分を $a_\theta(t)$ とすると,

$$\vec{a}(t) = a_r(t)\vec{e}_r + a_\theta(t)\vec{e}_\theta$$

と表せる。特に, 等速円運動では,

$$\begin{cases} a_r(t) = -|\vec{a}(t)| \\ a_\theta(t) = 0 \end{cases}$$

だから, 点 O 方向に加速度を生じる。

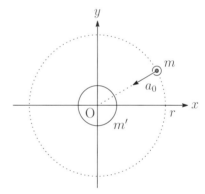

図 4.9: 太陽中心とする惑星の円運動

観測値より得られた「惑星が太陽を焦点とする楕円軌道を描く」とする法則を **"ケプラーの第一法則"** といい,「太陽と惑星を結んだ線分が一定時間内に掃いてできる図形の面積が一定」となる法則を **"ケプラーの第二法則"** という。さらに,「太陽のまわりを回る惑星の公転周期の 2 乗が, 楕円軌道の長半径の 3 乗に比例する」という法則を **"ケプラーの第三法則"** という。

4.2.3 空気抵抗

問題6 重力加速度を g とする。物体を静かに離して落下させる場合を考え，物体を離した瞬間を時刻 0 とし，それ以降の時刻 t における物体の速度を $v(t) (> 0)$ とするとき，次の問いに答えよ。

(1) 物体が $v(t)$ に比例する空気抵抗を受ける場合には，α を正の定数として，

$$\frac{dv(t)}{dt} = g - \alpha v(t) \quad \cdots\cdots ①$$

が成り立つ。物体の終端速度を v_f とおくと，① は

$$\frac{dv_f}{dt} = g - \alpha v_f$$

とかけ，このとき $\dfrac{dv_f}{dt} = \boxed{}$ とできるから，

$$v_f = \frac{g}{\boxed{}} \quad \cdots\cdots ②$$

が得られる。② の v_f を用いて ① を書き直すと，

$$\frac{dv(t)}{v(t) - v_f} = \boxed{} dt$$

とかけ，これを積分すると，積分定数を C として，

$$\log_e |v(t) - v_f| = \boxed{} + C$$

とかける。初期条件より $v(0) = \boxed{}$ とできるから，$e^C = v_f$ とかけ，$0 < v(t) < v_f$ を考慮して，

$$v(t) = v_f \left(1 - e^{\boxed{}}\right) \quad \cdots\cdots ③$$

を得る。上記空欄に α, t を用いた式，または，定数を書き込め。

(2) ③ の概形を下記の v-t グラフに描き込め。

現実の物体では，その運動を妨げる様々な外力が働き，これらを総称して"**抵抗力**"と呼んでいる。特に，空気の存在が原因となって生じる抵抗力を"**空気抵抗**"という。空気抵抗によって，空気中を運動する物体には，越えることのできない速さの限界が存在する。この種の限界値を空気中を運動する物体の"**終端速度**"と呼んでいる。

空気中を落下する雨滴のように，その大きさが十分に小さいとみなせる物体については，速度の一次の空気抵抗を仮定することで，その終端速度がある程度再現できることが知られている。速度の一次の項からなる抵抗力は，液体中を運動する物体が受ける抵抗力にちなんで"**粘性抵抗**"と呼ばれる。なお，粘性抵抗を含む運動方程式は，速度があまり速くなり過ぎない範囲においてのみ有効となる。

対数関数の微分公式，

$$(\log_e x)' = \frac{1}{x}$$

より，

$$(\log_e |x|)' = \frac{1}{x}$$

が得られ，C を積分定数として，

$$\int \frac{1}{x} dx = \log_e |x| + C$$

が成り立つ。ここで e は自然対数の底を表す。

4.3 運動の第三法則

問題 7 水平面に垂直に固定された壁を手で押して、その大きさが F の力を壁に垂直に加えた (右図)。このとき F' の力で、手が押し返されたとすると、F' の大きさは F に [　　　] で、その向きは壁に加えた力の向きと [　　　] である。空欄に適切な語句を書き込め。

> 異なる二つの物体 A, B について、物体 A が物体 B に $\vec{F}$ なる力を及ぼすとき、物体 B は物体 A に $-\vec{F}$ なる力を及ぼされる。前者の力を"作用"と呼ぶことにするときには、後者の力を"反作用"と呼ぶ (その逆もある)。これら二力の関係を"運動の第三法則"、または、"作用反作用の法則"という。

4.3.1 弾性力

問題 8 天井から鉛直につるされたばね定数 k のばねの下端を鉛直下方に引いたところ、ばねが自然長から Δx だけのびて静止した (図 4.10)。このとき、手がばねを引く力の大きさを F とすると、フックの法則より $F =$ [　　　] が成り立つ。また、ばねが手を引く力の大きさを F' とすると、手がばねを引く力の反作用により、$F' =$ [　　　] が成り立つ。空欄に $k, \Delta x$ を用いた式を書き込め。

> ばねが自然長に戻ろうとするときに発現する力をばねの"弾性力"という。

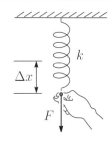

図 4.10: 手がばねを引く力

4.3.2 張力

問題 9 天井から吊るされた糸の下端に取り付けられた物体が静止している。ここで、図 4.11 に示した $F_1 \sim F_5$ は、物体、糸、天井のいずれかに及ぼされる力を表す。糸の質量は無視できるとするとき、下記空欄に $F_1 \sim F_5$ のいずれかの力を書き込め。

(1) 地球が物体を引く力 (重力) は [　　　] であり、物体が糸を引く力は [　　　] である。糸が物体を引く力は [　　　] で、天井が糸を引く力は [　　　] であり、糸が天井を引く力は [　　　] である。

(2) 作用・反作用の関係にある力は、F_3 と [　　　]、または、F_5 と [　　　] で、つり合いの関係にある力は、F_3 と [　　　]、または、F_5 と [　　　] である。

> 糸に繋がれた物体が、糸から受ける外力を、物体に働く糸の"張力"という。

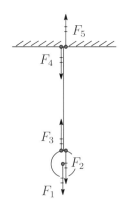

図 4.11: 天井から糸で吊るされた物体

4.3.3 垂直抗力

> 物体の接触面が物体に及ぼす，その面に垂直な外力を"**垂直抗力**"という。

問題 10　物体の質量を m，重力加速度を g とする。このとき，次の問いに答え，空欄には m, g を用いた式，または，定数を書き込め。

(1) 手のひらの上で物体を静止させた。このとき，物体の重力に抗って，手のひらが物体を支えるために加えた力を表すベクトルを図 4.12 に描き込め。

図 4.12: 静止する物体に働く重力

(2) 水平な机面上に置かれ静止している物体に働く重力の大きさは □ である（図 4.13）。物体が静止し続けるには，物体に働く合力が □ となるに足るだけの重力以外の外力が働かなければならないから（慣性の法則），物体に働く垂直抗力の大きさは □ となる。この力の反作用より，物体が机に及ぼす力の大きさも □ となる。

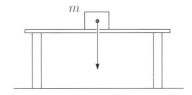

図 4.13: 水平面上の物体に働く重力

問題 11　水平な床面上に質量 m' の直方体 B が置かれており，物体 B と同じ底面積で質量 m の直方体 A が，物体 B からはみ出ることなく積み重ねられている（図 4.14）。重力加速度を g とするとき，下記空欄に m, m', g を用いた式を書き込め。

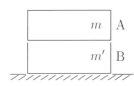

図 4.14: 重ね置かれ静止する二物体

(1) 図 4.15 のように，A に働く重力の大きさを F_1 とすると，$F_1 =$ □ とかける。A に関する力のつり合いより，A が B から受ける垂直抗力の大きさを N_1 とすると，$N_1 =$ □ を得る。

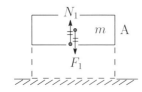

図 4.15: 物体 A に働く力のつり合い

(2) 図 4.16 のように，B に働く重力の大きさを F_2 とすると，$F_2 =$ □ とかける。また，B が，A から受ける垂直抗力の大きさを N_2 とすると N_1 の反作用により，$N_2 =$ □ とかける。さらに，B が床面から受ける垂直抗力の大きさを N_3 とすると，B に働く力のつり合いにより，

$$N_3 = \left(\boxed{} + \boxed{} \right) g$$

が得られる。

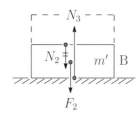

図 4.16: 物体 B に働く力のつり合い

4.4 力の分解

問題 12 質量 m の物体に二本の糸 A, B を取り付け、糸 A の他端を天井に固定し、糸 B の他端を手で引いた。糸 A と 糸 B のなす角を直角にしたときに、糸 A と鉛直線とのなす角は θ であった (図 4.17)。このとき、糸 A, B が物体に及ぼす張力の大きさをそれぞれ s, f とする。重力加速度を g とし、糸の質量は無視できるとするとき、次の問いに答えよ。

(1) 図の mg を糸 A に平行な分力と、糸 A に垂直な分力に分解し、図 4.17 の点線上に描き込め。

(2) s と f をそれぞれ m, g, θ を用いて表すと、
$$s = \boxed{}, \quad f = \boxed{}$$
とかける。

> 力を表すベクトルは、そのベクトルを対角線にもつ平行四辺形の隣り合う二辺に等しく、かつ、その頂点を始点として共有する二つのベクトルに分解できる。これを "**力の分解**" という。

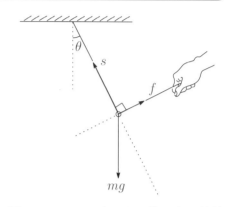

図 4.17: 二つの糸により静止する物体

4.4.1 静止摩擦力

問題 13 重力加速度を g とする。水平と角 θ をなす粗い斜面上に物体が静止している。斜面上に静止する物体には、重力 mg の他に、垂直抗力と静止摩擦力が生じ、これら三力がつり合っていると考えられる。これら垂直抗力と静止摩擦力の大きさをそれぞれ N, f とするとき (図 4.18)、次の問いに答えよ。

(1) 図 4.18 の mg を斜面に平行な分力と、斜面に垂直な分力に分解し、同図の点線上に描き込め。

(2) 物体の位置を O とし、物体を通る鉛直線と、水平面との交点を H とする。物体を通り斜面に垂直な直線と水平面との交点を B とすると (図 4.19)、$\angle \mathrm{HOB} = \boxed{}$ だから、N と f は、それぞれ、
$$N = \boxed{}, \quad f = \boxed{}$$
とかける。空欄に m, g, θ を用いた式を書き込め。

> 粗い面から物体が受ける抵抗力で、物体が動き出すことを妨げる、その面に平行な力を "**静止摩擦力**" という。

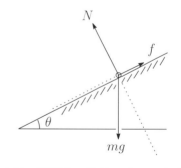

図 4.18: 斜面上の物体の力のつり合い

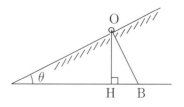

図 4.19: 鉛直と面に垂直な線の成す角

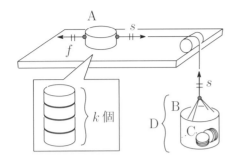

図 4.20: 粗い水平面上に静止する物体 ($k = 1, 2, 3, 4$ の場合について調べる)

表 4.2: 垂直抗力と最大静止摩擦力

垂直抗力 N [N]	最大静止摩擦力 F [$\times 10^{-1}$N]
N_1	0.99
$2N_1$	2.02
$3N_1$	3.05
$4N_1$	3.99

物体が動き出す直前に生じる静止摩擦力を"**最大静止摩擦力**"という。

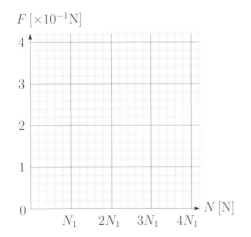

図 4.21: 粗い水平面に置かれた物体に働く垂直抗力と最大静止摩擦力の関係

4.4.2 最大静止摩擦力

問題 14　水平な粗い板に質量 $m = 27.5 \times 10^{-3}$ [kg] の物体 A を乗せて糸を取り付け, 糸の他端には滑車を介して質量 $m' = 8.6 \times 10^{-3}$ [kg] の容器 B を鉛直に吊るした。質量 $m_0 = 1.0 \times 10^{-3}$ [kg] の物体 C を 1 個ずつ加える場合について, C と B を合わせた物体 D とする。

物体 C の個数が n 個のときに, 物体 A は静止しているとし, このとき物体 A に及ぼされる糸の張力の大きさを s とする (図 4.20)。

糸の質量や糸と滑車間の摩擦は無視できるとし, 重力加速度を g とすると, 物体 D に働く張力は,

$$s = (m' + nm_0)g$$

に等しい。物体 A に働く静止摩擦力の大きさを f とすると, 物体 A に関する力のつり合いより,

$$f = s = (m' + nm_0)g$$

が成り立つ。物体 A が動き出す直前の物体 C の個数を n_0 とすると, f のおおよその最大値は, 上式の n を n_0 に置き換えることで与えられる。

この実験を繰り返して得られた最大静止摩擦力を F とする。$k = 1, 2, 3, 4$ とするとき, 物体 A の質量を k 倍に変化させた場合の物体 A に働く垂直抗力を $N = kN_1$ とすると表 4.2 が得られた[3]。これについて, 次の問いに答えよ。

(1) 表 4.2 を図 4.21 にプロットし直線で表せ。

(2) (1) で得られたグラフから得られる物体の性質とは, 物体に働く最大静止摩擦力とその物体に働く垂直抗力が 　　　 するということである。上記空欄に適切な語句を書き込め。

---

[3] **YouTube**「ぶつりじっけん　物体に働く垂直抗力と最大の静止摩擦力」にて, 実験を公開中。

4.4. 力の分解

問題 15 水平と角 θ をなす粗い斜面上に質量 m の物体が静止している (図 4.22)。θ を次第に大きくしていったところ, $\theta = \theta_0$ になった瞬間, 物体は斜面を滑り始めた。重力加速度を g とすると, 滑り出す直前の物体には重力 mg の他に, 大きさ N の垂直抗力と大きさ F の最大静止摩擦力が働くとできる (図 4.23)。物体と斜面の静止摩擦係数を μ_0 とするとき, 次の問いに答えよ。

(1) 図 4.23 における mg を斜面に平行な分力と, 斜面に垂直な分力に分解し, それぞれを同図の点線上に描き込め。

(2) N, F をそれぞれ m, g, θ_0 を用いて表すと,

$$\begin{cases} N = \boxed{} \\ F = \boxed{} \end{cases}$$

とかける。

(3) 最大静止摩擦力の実験より $F = \mu_0 N$ が成り立つから, (2) より,

$$\boxed{} = \mu_0 \boxed{}$$

が成り立ち,

$$\mu_0 = \boxed{}$$

を得る。上記空欄に m, g, θ_0 を用いた式を書き込め。

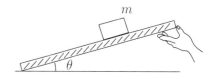

図 4.22: 粗い斜面上で静止する物体

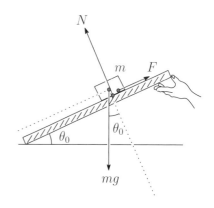

図 4.23: 粗い斜面上で静止する物体

> 粗い面上に静止する物体に働く垂直抗力の大きさを N とすると, 物体が動き出す直前には, 物体の動かされる方向とは逆向きに, 大きさ
>
> $$F = \mu_0 N$$
>
> なる最大静止摩擦力が生じる。ここで, 比例係数 μ_0 を "**静止摩擦係数**" といい, 物体の「滑りにくさ」を表す。

4.4.3 束縛条件

問題16 重力加速度を g とする。水平と角 θ をなすなめらかな斜面上に質量 m の物体を静かにおいたところ, 物体は初速 0 で動き出した。斜面を滑り落ちる物体には, 重力 mg の他に, 大きさ N の垂直抗力が生じている。物体は小さく, いずれの力も物体の中心から生じるとして, 次の問いに答え, 空欄には m, g, θ を用いた式を書き込め。

(1) 物体に働く重力 mg を斜面に平行な分力と, 垂直な分力に分解し, 図 4.24 の点線上に描き込め。

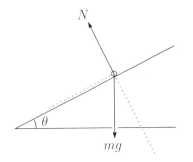

図 4.24: 斜面上の物体の重力の分解

(2) (1) より, 重力 mg の斜面に垂直な分力の大きさは □ とかけるから, $N = $ □ とかける。また, 斜面に平行で物体が進む向きを正とする場合に, 斜面を滑り落ちる向きの物体の加速度を a とすると, $a = $ □ を得る。

(3) 物体に働く垂直抗力 N を水平方向と鉛直方向の分力に分解し, 図 4.25 の点線上に描き込め。

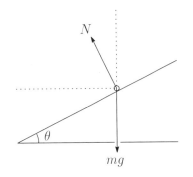

図 4.25: 物体に働く垂直抗力の分解

(4) 垂直抗力 N の分力の大きさについて, 水平方向は N □ , 鉛直方向は N □ とかける。最初の物体の位置を原点 O とし, 鉛直下方を y 軸の正, 物体が進む側の水平方向を x 軸の正とする。任意の時刻における物体の加速度の x 成分を a_x, y 成分を a_y とすると (図 4.26),

$$\begin{cases} ma_x = N \boxed{} & \cdots\cdots ① \\ ma_y = \boxed{} - N \boxed{} & \cdots\cdots ② \end{cases}$$

とかけ, 物体が斜面に沿って運動する束縛条件は,

$$\frac{a_y}{a_x} = \boxed{} \quad \cdots\cdots ③$$

とかける。①, ② に ③ を代入して整理すると, $N = $ □ が得られる。これと ①, ② より,

$$\sqrt{a_x^2 + a_y^2} = \boxed{}$$

が得られる。

> 糸につながれたり, 床があることによって物体の運動が制限される場合に課せられる条件を "**束縛条件**" という。
>
> 張力や垂直抗力は束縛条件で, 等速円運動する物体や右問のように, 加速度が制限される場合もある。

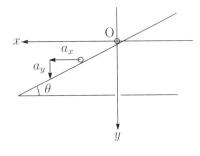

図 4.26: 任意の時刻において, 斜面を滑り落ちる物体に課せられる束縛条件

4.5 力積と運動量

問題 17 なめらかな水平面内を速度 $2\,\mathrm{m/s}$ で等速直線運動する物体が，その運動方向に垂直な壁に衝突し，速度 $v'(<0)$ で跳ね返った (図 4.27)。物体と壁との反発係数 (跳ね返り係数) e が次で与えられる場合について，v' を求め，下記の解答欄に値 (整数) を書き込め。

(i) $e = 1$　　(ii) $e = 0.5$　　(iii) $e = 0$

解答欄:

(i) ____ m/s　　(ii) ____ m/s　　(iii) ____ m/s

物体が他の対象と衝突するとき，
$$e = -\frac{(対象から遠ざかる速度)}{(対象に近付く速度)}$$
によって定義される e を "**反発係数**" または "**跳ね返り係数**" という。

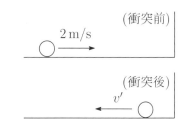

図 4.27: 衝突による速度の変化

問題 18 なめらかな水平面内を速度 $v_0(>0)$ で等速直線運動する質量 m の物体が，その運動方向に垂直な壁に時刻 t_0 で衝突し，速度 $v'_0(<0)$ で跳ね返された (図 4.28)。物体が跳ね返った瞬間を時刻 t'_0 とし，衝突の際に壁が物体に外力 $F(<0)$ を及ぼしたとするとき，下記空欄に m, v, v_0, v'_0 を用いた式を書き込め。

時刻 t における物体の速度を v とすると，物体の運動方程式より

$$F\,dt = \boxed{}\frac{dv}{dt}dt = \boxed{}dv$$

とできる。これに伴う積分区間の変化 (右表) を考慮すると，

t	t_0	$\longrightarrow$	t'_0
v	v_0	$\longrightarrow$	v'_0

$$\int_{t_0}^{t'_0} F\,dt = \int_{v_0}^{v'_0} \boxed{}\,dv$$
$$= \left[\boxed{}\right]_{v_0}^{v'_0}$$
$$= \boxed{} - \boxed{}$$

とかける。すなわち，衝突前後における物体の運動量の変化量は，その物体が受けた力積に等しい。

t_0, t'_0 を定数とする。時刻 $t = t_0$ から t'_0 まで，物体が外力 F を受けるとき，
$$\int_{t_0}^{t'_0} F\,dt$$
によって定義される積分量を，この時間内に物体が受けた "**力積**" という。特に，衝突による F を "**撃力**" という。

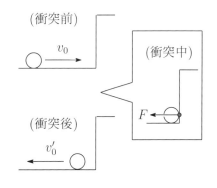

図 4.28: 衝突の撃力による速度の変化

質量 m の物体が速度 v で運動するとき，$p = mv$ を物体の "**運動量**" といい，「物体の運動の激しさ」を表す。

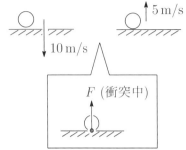

図 4.29: 鉛直線上における床との衝突

問題 19　鉛直下方に落とした質量 0.2 kg の小球が, 速さ 10 m/s で水平な床に衝突し, 速さ 5 m/s で鉛直上方に跳ね上がった (図 4.29)。鉛直下方を正の向きとすると, 反発係数 (跳ね返り係数) e は,

$$e = -\frac{\boxed{}}{10} = \boxed{} \times 10^{-1}$$

とかける。衝突した時刻を t_1, 跳ね返った瞬間の時刻を t_2 とし, この間に小球が床から受ける撃力を F とすると, 小球が床から受けた力積は,

$$\int_{t_1}^{t_2} F\,dt = -\boxed{} - 2 = -\boxed{}\text{ Ns}$$

である。上記空欄に値 (整数) を書き込め。

4.5.1 運動量保存の法則

問題 20　同一直線上において, 速度 v_1 で運動する質量 m_1 の物体 1 と, 速度 v_2 で運動する質量 m_2 の物体 2 が衝突する場合に, 物体 1, 2 の衝突直後の速度をそれぞれ v_1', v_2' とする (図 4.30)。物体 2 が物体 1 を押す力を $F_1(<0)$ とし, これら二物体の衝突直前, 直後の時刻をそれぞれ t_1, t_2 とすると,

$$\int_{t_1}^{t_2} F_1\,dt = \boxed{} - \boxed{} \quad \cdots\cdots ①$$

が成り立ち, 物体 1 が物体 2 を押す力を $F_2(>0)$ とすると,

$$\int_{t_1}^{t_2} F_2\,dt = \boxed{} - \boxed{} \quad \cdots\cdots ②$$

が成り立つ。作用反作用の法則より, $F_2 = -\boxed{}$ とできるから, ① と ② の辺々をそれぞれ足せば,

$$\boxed{}v_1 + \boxed{}v_2 = m_1\boxed{} + m_2\boxed{}$$

を得る。上記空欄に F_1, F_2, m_1, m_2, v_1, v_1', v_2, v_2' を用いた式を書き込め。

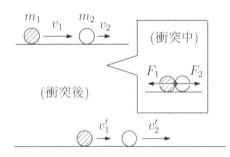

図 4.30: 同一直線上での物体の衝突

運動量 p_1 で運動する物体 1 と, 運動量 p_2 で運動する物体 2 が同一直線上での衝突によって, それぞれの運動量を p_1', p_2' に変化させたときには,

$$p_1 + p_2 = p_1' + p_2'$$

が成り立つ。これを二物体間の衝突に関する "**運動量保存の法則**" という。

4.5. 力積と運動量

問題 21 なめらかな水平面上を速度 $v(>0)$ で等速直線運動する質量 m の物体1が，静止している同質量の物体2に衝突した(図 4.31)。下記空欄に m, v を用いた式，または，定数を書き込め。

(1) 衝突前の物体1の運動量は ☐ とかけ，物体2の運動量は ☐ である。

(2) 図 4.32 のように，衝突後の物体1, 2の速度をそれぞれ v'_1, v'_2 とすると，運動量保存の法則より，
$$\boxed{} = mv'_1 + mv'_2$$
が成り立つ。この式の両辺を m で割ると，
$$\boxed{} = v'_1 + v'_2 \quad \cdots\cdots ①$$
が得られる。

(3) 衝突が弾性衝突である場合には，反発係数(跳ね返り係数)は ☐ だから，
$$1 = -\frac{v'_1 - v'_2}{\boxed{}}$$
とかけ，分母を払って整理すると，
$$\boxed{} = -v'_1 + v'_2 \quad \cdots\cdots ②$$
が成り立つ。① + ② より $v'_2 = \boxed{}$ と求まり，これを ① に代入して，$v'_1 = \boxed{}$ と求まる[4]。

(4) 衝突が完全非弾性衝突である場合には，反発係数(跳ね返り係数)は ☐ だから，
$$0 = -\frac{v'_1 - v'_2}{\boxed{}}$$
とかけ，分母を払って整理すると，
$$\boxed{} = -v'_1 + v'_2 \quad \cdots\cdots ③$$
が成り立つ。① − ③, もしくは，① + ③ より，
$$v'_1 = v'_2 = \boxed{}$$
を得る。

---
[4] **YouTube**「ぶつりじっけん 同質量の静止物体に対する衝突」にて，実験を公開中。

> 反発係数(跳ね返り係数)が，$e=1$ の場合の衝突を"**弾性衝突**"という。これに対して，$e=0$ の場合の衝突を"**完全非弾性衝突**"という。

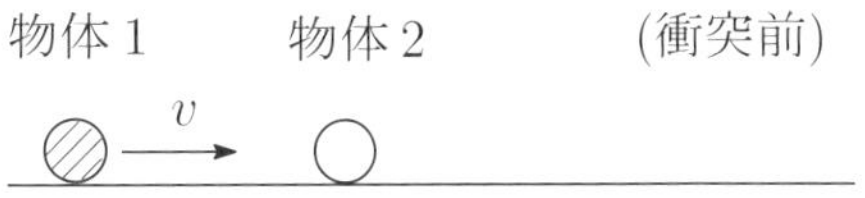

物体1　　　物体2　　　　(衝突前)

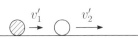

図 4.31: 同質量静止物体との衝突

(衝突後)

図 4.32: 同質量物体の衝突直後の速度

> 平面内を運動する質量 m の物体について速度ベクトルを $\vec{v}$ とするとき，$\vec{p} = m\vec{v}$ によって定義される $\vec{p}$ をその物体の"**運動量ベクトル**"という。

> 同一平面内における衝突において，運動量ベクトル $\vec{p_1}, \vec{p_2}$ の二つの物体が，それぞれの運動量ベクトルを $\vec{p'}_1, \vec{p'}_2$ に変化させたとすると，
> $$\vec{p_1} + \vec{p_2} = \vec{p'}_1 + \vec{p'}_2$$
> が成り立つ (図 4.33)。

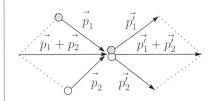

図 4.33: 同一平面内における衝突

4.6 単振動

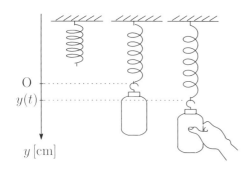

図 4.34: ばねで吊るされた物体の振動

表 4.3: 時刻と振動する物体の位置

時刻 t [s]	0.0	0.2	0.4	0.6	0.8	1.0	1.2	1.4	1.6	1.8	2.0
位置 $y(t)$ [cm]	20	18	8	−4	−15	−20	−17	−8	6	16	20

図 4.35: 物体の位置と振動の位相

変位が時刻の正弦曲線で表される場合の物体の振動を"**単振動**"という。単振動する物体の時刻 t における変位 $y(t)$ は, A を正の定数として, 一般に,

$$y(t) = A \sin \theta(t)$$

とかける。A を"**振幅**", $\theta(t)$ を振動の"**位相**"といい, ω を定数として,

$$\theta(t) = \omega t + \delta$$

とかける。このとき ω を"**角振動数**"といい, $-\pi < \delta \leqq \pi$ を満たす定数 δ を振動の"**初期位相**"という。

問題 22 鉛直に吊るされたばねの下端に物体を取り付けたときの物体のつり合いの位置を原点 O とし, 鉛直下方を正とする y 軸を定めよう (図 4.34)。物体を下に引いて手を離してからの時刻 t に対する物体の位置 $y(t)$ の実験値を表 4.3 に示した[5]。

図 4.35 の x-y 平面内の始線 OX と, 原点 O を中心とする円周上の点を結ぶ動径のなす角が物体の振動の位相を表すとして, 次の問いに答えよ。

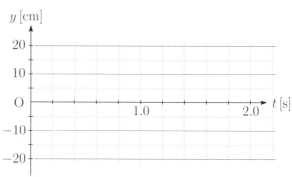

(1) 表 4.3 を上図にプロットし, 曲線で表せ。また, $y(t)$ の値を図 4.35 の円周上にプロットせよ。

(2) 図 4.35 の隣り合う点の間隔が [ ] となる場合には, ばねに繋がれた物体の運動が単振動であるといえる。空欄に適切な語句を書き込め。

(3) 上図より, 物体の振動の周期は [ ] s である。物体が単振動しているとみなせるとすれば, その角振動数は [ ] rad/s であり, 初期位相は [ ] rad だから, 物体の運動を表す方程式は,

$$y(t) = \boxed{} \sin \left(\boxed{} t + \boxed{} \right) \text{ (cm)}$$

とかける。空欄に有効数字 2 桁の値を書き込め。

---
[5] YouTube「ぶつりじっけん ばねにつながれた物体の運動」にて, 実験を公開中。

4.6. 単振動

問題 23 なめらかな水平面上に置かれ、一端を固定されたばね定数 $k(>0)$ のばねがある。その他端には質量 m の小球を繋いだ。水平面上で小球を自然長から僅かに $\ell(>0)$ だけ伸ばし、静かに手を離したところ、小球は減衰することなく同一直線上で振動を続けた。ばねを引っ張った方向を x 軸の正と定め、ばねの自然長を原点 O、手を離した時刻を 0 とする (図 4.36)。時刻 t における小球の位置を $x(t)$ とするとき、次の問いに答えよ。

(1) $\omega = \sqrt{\boxed{}/\boxed{}}$ とおくと小球の運動方程式は、

$$\frac{d^2x(t)}{dt^2} = -\omega^2 x(t) \quad \cdots\cdots ①$$

とかけるから、小球の振動の周期を T とすると、

$$T = 2\pi\sqrt{\frac{\boxed{}}{\boxed{}}}$$

が得られる。空欄に k, m のいずれかを書き込め。

(2) ① の一次独立な基本解を ω を用いて表すと、

$$x_1(t) = \cos\boxed{}, \quad x_2(t) = \sin\boxed{}$$

だから、任意定数を C_1, C_2 として、① の一般解は、

$$x(t) = C_1 \cos\boxed{} + C_2 \sin\boxed{}$$

とかける。他方で、$t=0$ における条件は

$$x(0) = \boxed{}, \quad \frac{dx(0)}{dt} = \boxed{}$$

だから、$C_1 = \boxed{}$, $C_2 = \boxed{}$ と定まり、

$$x(t) = \boxed{} \cos \boxed{} \quad \cdots\cdots ②$$

を得る。また、時刻 t における小球の瞬間の速度を $v(t)$ とすると、② より、

$$v(t) = -\boxed{} \sin \boxed{}$$

を得る。空欄に ℓ, ω, t を用いた式、または、定数を書き込め。

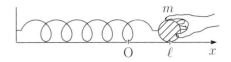

図 4.36: 水平に引かれたばねと小球

α, β を定数、x の関数 $y(x)$ について、

$$\left(\frac{d^2}{dx^2} + \alpha\frac{d}{dx} + \beta\right)y(x) = 0 \quad \cdots\cdots ⊛$$

なる微分方程式を $y(x)$ に関する定数係数の "**2 階線形同次常微分方程式**" という。一般に二つの関数が互いに定数倍の関係にないとき、これらの関係を "**一次独立**" という。一次独立な関数 $y_1(x), y_2(x)$ が共に ⊛ の解ならば、

$$\begin{cases} \dfrac{d^2 y_1(x)}{dx^2} + \alpha\dfrac{dy_1(x)}{dx} + \beta y_1(x) = 0 \\ \dfrac{d^2 y_2(x)}{dx^2} + \alpha\dfrac{dy_2(x)}{dx} + \beta y_2(x) = 0 \end{cases}$$

を満たす。これら $y_1(x), y_2(x)$ を ⊛ の "**基本解**" と呼ぶ。上式の第一式を C_1 倍、第二式を C_2 倍して、辺々足し、

$$Y(x) = C_1 y_1(x) + C_2 y_2(x)$$

とおくと、$Y(x)$ は、

$$\frac{d^2 Y(x)}{dx^2} + \alpha\frac{dY(x)}{dx} + \beta Y(x) = 0$$

を満たすから、$Y(x)$ も ⊛ の解である。$Y(x)$ を ⊛ の "**一般解**" と呼ぶ。

三角関数の微分公式として、

I. $(\sin x)' = \cos x$

II. $(\cos x)' = -\sin x$

が成り立つ。

第4章 力学

4.6.1 振り子の運動

問題 24 点 O に固定した長さ $\ell(>0)$ の軽い糸の他端に質量 m の小球を取り付けた。O を原点とし、この振り子の振動面内の鉛直下方を x 軸、水平方向を y 軸とする x-y 平面を定めよう (図 4.37)。

時刻 t における x 軸と糸のなす角を $\theta(t)$, 点 O を極とする小球に関する平面極座標の動径方向の単位ベクトルを $\vec{e}_r$, 偏角方向の単位ベクトルを $\vec{e}_\theta$ とする。$t=0$ で $\theta(t)=\theta_0(>0)$ の地点から静かに小球を離した場合について、次の問いに答えよ。

(1) x 軸, y 軸方向の単位ベクトルを $\vec{e}_x, \vec{e}_y$ すると、

$$\begin{cases} \vec{e}_r = \underline{\quad}\theta(t)\vec{e}_x + \underline{\quad}\theta(t)\vec{e}_y & \cdots\cdots ① \\ \vec{e}_\theta = -\underline{\quad}\theta(t)\vec{e}_x + \underline{\quad}\theta(t)\vec{e}_y & \cdots\cdots ② \end{cases}$$

が成り立つ (図 4.38 を参照)。① を t で微分して、

$$\frac{d\vec{e}_r}{dt} = \frac{d\theta(t)}{dt}\left\{-\underline{\quad}\theta(t)\vec{e}_x + \underline{\quad}\theta(t)\vec{e}_y\right\}$$

とかけ, これを再び t で微分すると,

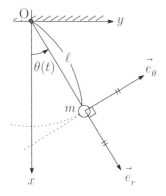

図 4.37: 小球を始点として表した場合の平面極座標の単位ベクトル

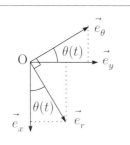

図 4.38: O を始点として表したデカルト座標と平面極座標の単位ベクトル

$$\frac{d^2\vec{e}_r}{dt^2} = \left\{\frac{d\theta(t)}{dt}\right\}^2\left\{-\underline{\quad}\theta(t)\vec{e}_x - \underline{\quad}\theta(t)\vec{e}_y\right\} + \frac{d^2\theta(t)}{dt^2}\left\{-\underline{\quad}\theta(t)\vec{e}_x + \underline{\quad}\theta(t)\vec{e}_y\right\} \cdots\cdots ③$$

を得る。波線部に sin, cos のいずれかを書き込め。

(2) 時刻 t での小球の位置ベクトルを $\vec{r}(t)$ とすると, $\vec{r}(t) = \boxed{}\vec{e}_r$ だから, ③ は,

$$\frac{d^2\vec{r}(t)}{dt^2} = -\boxed{}\left\{\frac{d\theta(t)}{dt}\right\}^2\vec{e}_r + \boxed{}\frac{d^2\theta(t)}{dt^2}\vec{e}_\theta$$

とかけ, 小球に働く外力を $\vec{F}$ とすると,

$$\vec{F} = -\boxed{}\left\{\frac{d\theta(t)}{dt}\right\}^2\vec{e}_r + \boxed{}\frac{d^2\theta(t)}{dt^2}\vec{e}_\theta$$

を得る。ここで, $\vec{F} = F_r\vec{e}_r + F_\theta\vec{e}_\theta$ とおくと,

$$\begin{cases} F_r = -\boxed{}\left\{\frac{d\theta(t)}{dt}\right\}^2 & \cdots\cdots ④ \\ F_\theta = \boxed{}\frac{d^2\theta(t)}{dt^2} & \cdots\cdots ⑤ \end{cases}$$

が得られる。空欄に m, ℓ を用いた式を書き込め。

平面極座標の単位ベクトル $\vec{e}_r, \vec{e}_\theta$ は

$$\frac{d\vec{e}_r}{dt} = \frac{d\theta(t)}{dt}\vec{e}_\theta$$

を満たす。時刻 t における半径 ℓ の振り子の速度ベクトルを $\vec{v}(t)$ とすると,

$$\vec{v}(t) = \ell\frac{d\theta(t)}{dt}\vec{e}_\theta$$

とかけるから,

$$\vec{v}(t) = v_r(t)\vec{e}_r + v_\theta(t)\vec{e}_\theta$$

とおくと,

$$\begin{cases} v_r(t) = 0 \\ v_\theta(t) = \ell\frac{d\theta(t)}{dt} \end{cases}$$

を満たす。

4.6. 単振動

(3) 重力加速度を g とする。空気抵抗が無視できるとし、小球に働く糸の張力の大きさを s とすると、

$$F_r = -s + mg\underset{\sim}{\quad}\theta(t), \quad F_\theta = -mg\underset{\sim}{\quad}\theta(t)$$

とかけるから (図 4.39)、④、⑤ はそれぞれ、

$$\begin{cases} s = \boxed{} \left\{\dfrac{d\theta(t)}{dt}\right\}^2 + mg\underset{\sim}{\quad}\theta(t) & \cdots\cdots ⑥ \\ \dfrac{d^2\theta(t)}{dt^2} = -\dfrac{g}{\boxed{}}\underset{\sim}{\quad}\theta(t) & \cdots\cdots ⑦ \end{cases}$$

とかける。波線部には $\sin, \cos$ のいずれか、空欄には m, ℓ を用いた式を書き込め。

(4) $|\theta(t)|$ が微小で、$\sin\theta(t) \fallingdotseq \theta(t)$ と近似できる場合に、$\omega = \sqrt{\boxed{}/\boxed{}}$ とおくと ⑦ は、

$$\dfrac{d^2\theta(t)}{dt^2} = -\omega^2\theta(t) \quad\cdots\cdots ⑧$$

とかける。これより、振り子の周期を T とすると、

$$T = 2\pi\sqrt{\dfrac{\boxed{}}{\boxed{}}}$$

が得られる。空欄に ℓ, g のいずれかを書き込め。

(5) ⑧ の一次独立な基本解を ω を用いて表すと、

$$\theta_1(t) = \cos\boxed{}, \quad \theta_2(t) = \sin\boxed{}$$

だから、任意定数を C_1, C_2 として、⑧ の一般解は、

$$\theta(t) = C_1\cos\boxed{} + C_2\sin\boxed{}$$

とかける。他方で、$t = 0$ における条件は

$$\theta(0) = \boxed{}, \quad \dfrac{d\theta(0)}{dt} = \boxed{}$$

だから、$C_1 = \boxed{}$, $C_2 = \boxed{}$ と定まり、

$$\theta(t) = \boxed{}\cos\boxed{} \quad\cdots\cdots ⑨$$

を得る。⑥ で $\cos\theta(t) \fallingdotseq 1$ と近似すると、⑨ より、

$$s = mg\left(1 + \boxed{}\sin^2\boxed{}\right)$$

が得られる。空欄に θ_0, ω, t を用いた式、または、定数を書き込め。

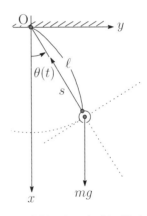

図 4.39: 振り子の小球に働く外力

関数 $f(x)$ に関する導関数の定義、

$$f'(x) = \lim_{\Delta x \to 0}\dfrac{f(x + \Delta x) - f(x)}{\Delta x}$$

より、$|\Delta x|$ が微小量の場合には、

$$f(x + \Delta x) \fallingdotseq f(x) + \Delta x f'(x)$$

といった $f(x)$ の近似式が得られる。

I. $f(x) = \sin x$ のとき

$$\left.\begin{array}{r}f(x + \Delta x) = \sin(x + \Delta x) \\ f'(x) = \cos x\end{array}\right\}\text{より}$$

$$\sin(x + \Delta x) \fallingdotseq \sin x + \Delta x \cos x$$

と近似できるから、$x = 0$ として、

$$\sin\Delta x \fallingdotseq \Delta x$$

を得る。

II. $f(x) = \cos x$ のとき

$$\left.\begin{array}{r}f(x + \Delta x) = \cos(x + \Delta x) \\ f'(x) = -\sin x\end{array}\right\}\text{より}$$

$$\cos(x + \Delta x) \fallingdotseq \cos x - \Delta x \sin x$$

と近似できるから、$x = 0$ として、

$$\cos\Delta x \fallingdotseq 1$$

を得る。

4.7 仕事とエネルギー

y 軸上の微小変位 dy において, y 軸に平行な外力 F が物体に働くとする。これによって物体が y 軸上の $y = y_1$ から $y = y_2$ まで動かされたとき,

$$W = \int_{y_1}^{y_2} F\, dy$$

によって定義される W を, F によって物体がなされた "**仕事**" という。

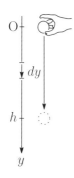

図 4.40: 重力のする仕事

質量 m の物体が速度 v で一直線上を運動している場合を考え,

$$K(v) = \frac{1}{2}mv^2$$

とおく。$K(v)$ を "**運動エネルギー**" といい,「仕事をする能力」を表す。

一般に, 物体が W だけの仕事をなされたことによって, その速度が v_1 から v_2 に変化したときには,

$$W = K(v_2) - K(v_1)$$

が成り立つ。すなわち, 運動エネルギーの変化量はその物体がなされた仕事に等しい。これを "**仕事と運動エネルギーの関係**" と呼ぶ。

問題 25 重力加速度を g とする。空気抵抗が無視できる状況下で, 質量 m の物体を自由落下させた場合について考えよう。物体を離した位置を原点 O にとり鉛直下方を y 軸の正とする (図 4.40)。$y = 0$ から $y = h\,(> 0)$ の地点まで落下する際に, 重力によって物体がなされた仕事は,

$$W = \int_0^h \boxed{}\, dy = \boxed{}$$

とかける。空欄に m, g, h を用いた式を書き込め。

問題 26 y 軸上を運動する物体の時刻 t における微小変位を dy とする。このとき物体には y 軸に平行な外力 F が働き, その速度が v であるとすると,

$$dy = \frac{dy}{dt}dt = \boxed{}\, dt$$

が成り立つから, 異なる時刻 t_1, t_2 における物体の位置をそれぞれ y_1, y_2 とすると,

$$\int_{y_1}^{y_2} F\, dy = \int_{t_1}^{t_2} F \boxed{}\, dt \quad \cdots\cdots ①$$

とかける。ここで, 物体の質量を m とすると,

$$Fv\, dt = \boxed{} \frac{dv}{dt}dt = \boxed{}\, dv$$

が成り立つから, 時刻 t_1, t_2 における物体の速度をそれぞれ v_1, v_2 として,

$$\int_{t_1}^{t_2} Fv\, dt = \int_{v_1}^{v_2} \boxed{}\, dv$$

$$= \left[\frac{1}{2}\boxed{}\right]_{v_1}^{v_2}$$

$$= \frac{1}{2}\boxed{}\, v_2^2 - \frac{1}{2}\boxed{}\, v_1^2$$

とかける。これと ① より,

$$\int_{y_1}^{y_2} F\, dy = \frac{1}{2}\boxed{}\, v_2^2 - \frac{1}{2}\boxed{}\, v_1^2$$

を得る。上記空欄に m, v を用いた式を書き込め。

4.7. 仕事とエネルギー

4.7.1 力学的エネルギー保存の法則

問題 27 重力加速度を g とする。空気抵抗が無視できる状況下において，自由落下する物体について，下記空欄に m, g, h を用いた式を書き込め。

(1) 地面を原点 O にとり，鉛直上方を y 軸の正とする。図 4.41 に示したように $y = h(> 0)$ の高さから $y = 0$ の地面まで物体が落下する際に物体に働く重力は，$F = -\boxed{}$ とかけるから，自身に働く重力によって物体がなされた仕事は，

$$W = \int_h^0 \left(-\boxed{}\right) dy = \boxed{}$$

となる。この物体が地面に衝突する瞬間の速度を v とすると，仕事と運動エネルギーの関係より，

$$\frac{1}{2}mv^2 = \boxed{}$$

が成り立つから，$v = \sqrt{\boxed{}}$ を得る。

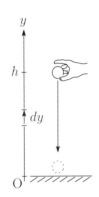

図 4.41: 地面に落ちるまでに重力のする仕事

(2) 地面を原点 O にとり，鉛直上方を y 軸の正とする。図 4.42 に示したような h_1 の高さから h_2 の高さまで物体が落下する際に自身に働く重力によって物体がなされた仕事は，

$$W = \int_{h_1}^{h_2} \left(-\boxed{}\right) dy = \boxed{}(h_1 - h_2)$$

とかける。ここで，高さ h_1, h_2 における物体の速度をそれぞれ v_1, v_2 とすると，仕事と運動エネルギーの関係より，

$$\frac{1}{2}mv_1^2 + \boxed{} h_1 = \frac{1}{2}mv_2^2 + \boxed{} h_2$$

が成り立つ[6]。この関係を，重力を受けた物体に関する"**力学的エネルギー保存の法則**"という。

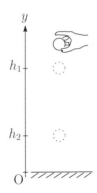

図 4.42: $y = h_1$ の高さから $y = h_2$ の高さに落ちるまでに重力のする仕事

---
[6] 物体の運動エネルギーを $K(v_1), K(v_2)$ として，p. 42 で導いた $W = K(v_2) - K(v_1)$ が成り立つことを利用した。

4.7.2 保存力

問題 28　なめらかな水平面上に置かれ、一端を固定されたばね定数 $k(>0)$ のばねの他端に質量 m の小球を繋いだ。小球が静止していた点を原点 O とし、ばねに平行な x 軸を定め、$x=\ell$ を満たす点を P, $x=-\ell$ を満たす点を Q とする。小球を点 P の位置から静かに離した場合について、空欄に k, ℓ, x を用いた式、または、定数を書き込め。

(1) のびた状況のばねに取り付けられた小球の位置 x は正の値をとる。このとき小球に働くばねの弾性力は $F = -\boxed{}$ とかけるから (図 4.43)、小球が P から O まで移動する間にばねの弾性力によってなされた仕事を W_1 とすると、

$$W_1 = \int_\ell^0 \left(-\boxed{}\right) dx = \frac{1}{2}\boxed{}$$

が成り立つ。小球が原点 O を通過する瞬間の速さを v_0 とすると、仕事と運動エネルギーの関係より、

$$\frac{1}{2}mv_0^2 = \frac{1}{2}\boxed{}$$

が成り立つから、$v_0 = \sqrt{\dfrac{\boxed{}}{m}}$ を得る。

(2) 縮んだ状況のばねに取り付けられた小球の位置 x は負の値をとる。このとき小球に働くばねの弾性力は $F = -\boxed{}$ とかける (図 4.44)。

これより小球が O から Q まで移動する間にばねの弾性力によってなされた仕事を W_2 とすると、

$$W_2 = \int_0^{-\ell} \left(-\boxed{}\right) dx = -\frac{1}{2}\boxed{}$$

が得られる。

(3) Q を経由し、PQ 間を一往復する間にばねの弾性力によって小球がなされた仕事を W_3 とすると、

$$W_3 = \int_\ell^{-\ell}\left(-\boxed{}\right) dx + \int_{-\ell}^\ell \left(-\boxed{}\right) dx$$

とかけるから、$W_3 = \boxed{}$ である。

---

x 軸上の微小変位 dx において、x 軸に平行な外力 F が物体に働くとする。これによって物体が x 軸上の $x=x_1$ から $x=x_2$ まで動かされたとき、F によって物体がなされた仕事は、

$$W = \int_{x_1}^{x_2} F\, dx$$

によって定義される。

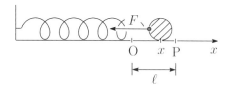

図 4.43: 自然長から x だけのびた状況において、小球に生じるばねの弾性力

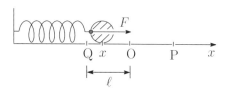

図 4.44: 自然長から x だけ縮んだ状況において、小球に生じるばねの弾性力

---

x 軸上の $x=\ell$ の地点から、任意の $x=x_0$ を経由して、再び $x=\ell$ に戻る間に物体がなされた仕事について、

$$\int_\ell^{x_0} F\, dx + \int_{x_0}^\ell F\, dx = 0$$

を満たす場合の物体に働く外力 F を物体に働く"**保存力**"という。重力やばねの弾性力は保存力である。

4.7.3 動摩擦力

問題29 質量 m の物体を粗い水平面上で水平方向に初速 v_0 で押し出したところ、距離 ℓ だけ移動して物体が静止した。図 4.45 のように、最初の物体の位置を原点 O とし、水平面に沿った物体の移動する向きを x 軸の正に定め、物体が静止した位置を点 P とする。重力加速度を g、物体と水平面との動摩擦係数を μ' とするとき、下記空欄に m、g、ℓ を用いた式を書き込め。

(1) 物体に働く垂直抗力の大きさを N とすると、$N = \boxed{}$ とかけるから、物体に働く動摩擦力を F とすると、$F = -\mu' \boxed{}$ である。したがって、物体が静止するまでに、動摩擦力によって物体がされた仕事は、

$$W = \int_0^\ell \left(-\mu' \boxed{}\right) dx = -\mu' \boxed{}$$

とかける。仕事と運動エネルギーの関係より、

$$\frac{1}{2}mv_0^2 = \mu' \boxed{}$$

が成り立つから、$v_0 = \sqrt{2\mu' \boxed{}}$ を得る。

(2) $v_0 = 0$ の場合に、動摩擦力より僅かにだけ大きな力を加え、O から P まで物体を移動させた。この力によって物体がなされた仕事を W_1 とすると、

$$W_1 = \int_0^\ell \mu' \boxed{} dx = \mu' \boxed{}$$

とかけ、さらに、P から O までゆっくり物体を移動させたときに物体がなされた仕事を W_2 とすると、

$$W_2 = \int_\ell^0 \left(-\mu' \boxed{}\right) dx = \mu' \boxed{}$$

とかける。よって、OP 間をゆっくりと一往復させられたときに、外力によって物体がなされた仕事は、

$$W_1 + W_2 = 2\mu' \boxed{}$$

となり、0 でないことが分かる。

粗い面上を運動する物体に働く垂直抗力の大きさを N とすると、その運動方向と反対向きに、大きさ

$$F = \mu' N$$

なる力が生じることが知られている。これを"**動摩擦力**"といい、比例係数 μ' を"**動摩擦係数**"という。

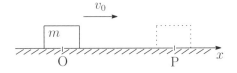

図 4.45: 粗い水平面上で減速する物体

---

x 軸上の $x = \ell$ の地点から、任意の $x = x_0$ を経由して、再び $x = \ell$ に戻る間に物体がなされる仕事について、

$$\int_\ell^{x_0} F\,dx + \int_{x_0}^\ell F\,dx \neq 0$$

を満たす場合の物体に働く外力 F を"**非保存力**"という (左辺の F が異なるため 0 にならない)。動摩擦力や粘性抵抗は非保存力である。

平面内の点 P から点 Q まで物体が移動する場合に物体に加えられた外力のなす仕事が、途中の経路 (右図) に依らずに等しいときには、Q を経由して、再び P に戻る間に物体がなされる仕事は 0 となる (外力が保存力となるための一般的な条件)。

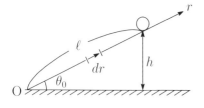

図 4.46: 斜面上の物体と微小変位

---

x 軸, y 軸方向の単位ベクトルを $\vec{e}_x$, $\vec{e}_y$ とし, x-y 平面内の曲線 C 上の点 (x, y) における"微小変位ベクトル"を
$$\vec{dr} = dx\vec{e}_x + dy\vec{e}_y$$
とする。C 上を移動する物体が, 外力
$$\vec{F} = F_x\vec{e}_x + F_y\vec{e}_y$$
を受ける場合になされる仕事は
$$W = \int_C \vec{F} \cdot \vec{dr} = \int_C (F_x dx + F_y dy)$$
として, 一般化できる。

半径 ℓ, 偏角 θ の平面極座標では,
$$dx = -\ell \sin\theta\, d\theta, \quad dy = \ell \cos\theta\, d\theta$$
より, $\vec{dr} = \ell\, d\theta\, \vec{e}_\theta$ とかけるから,
$$W = \int_C \vec{F} \cdot \vec{dr} = \int_{\theta_1}^{\theta_2} F_\theta \ell\, d\theta$$
となる ($\vec{e}_\theta$ は偏角方向の単位ベクトル, F_θ は $\vec{F}$ の θ 成分を表す)。

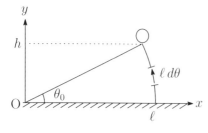

図 4.47: 円弧上の物体と微小変位

4.7.4 平面内における仕事

問題30 重力加速度を g とする。地面から高さ $h(>0)$ の地点まで質量 m の物体を持ち上げる場合について, 次の問いに答えよ。

(1) 水平面と角 θ_0 をなすなめらかな斜面に沿って物体を持ち上げる場合に, 地面を原点 O とし, 斜面に沿った斜面上方を正とする r 軸を定め, 物体を移動させた距離を $\ell(>0)$ とする (図 4.46)。

微小変位 dr において, 物体に働く重力の斜面に平行な分力は $-\boxed{}$ とかける。この力に僅かに逆らって, 斜面に沿って物体を移動させた場合に物体がなされた仕事を W_1 とすると,
$$W_1 = \int_0^\ell \boxed{}\, dr = \boxed{}\, \ell$$
とかけ, $\ell \sin\theta_0 = h$ より, $W_1 = \boxed{}\, h$ を得る。上記空欄に m, g, θ_0 を用いた式を書き込め。

(2) 半径 $\ell(>0)$ のなめらかな球面の外壁に沿って, 物体を持ち上げる場合に, 半径 ℓ の円の中心を原点 O とし, 鉛直上方を y 軸の正, 物体のある水平方向を x 軸の正, 原点 O と物体を結んだ線分に対する x 軸からみた角を θ とし, $\theta = \theta_0$ での物体の高さが h であるとする (図 4.47)。

θ が微小角 $d\theta$ だけ変化したときの, 円周上の微小変位は $\ell d\theta$ で与えられ, この微小変位における円の接線方向の分力は $-\boxed{}$ である。この力に僅かに逆らって $y = 0$ の $\theta = 0$ 地点から, $y = h$ の $\theta = \theta_0$ 地点へと物体を持ち上げる場合に物体がなされた仕事を W_2 とすると,
$$W_2 = \int_0^{\theta_0} \boxed{}\, \ell d\theta = \boxed{}\, \ell$$
とかけ, $\ell \sin\theta_0 = h$ より, $W_2 = \boxed{}\, h$ を得る。空欄に m, g, θ, θ_0 を用いた式を書き込め。

4.7.5 ポテンシャルエネルギー

問題 31 y 軸上を運動する質量 m の物体が，微小変位 dy において，y 軸に平行な外力 F を受ける場合に，位置 y_1 において v_1 であった物体の速度が，位置 y_2 において v_2 に変化したとすると，

$$\frac{1}{2}mv_1^2 + \int_{y_1}^{y_2} F\,dy = \frac{1}{2}\boxed{} \quad \cdots ①$$

が成り立つ．特に，外力 F が **保存力のとき** には，y_0 を任意の y として，

$$\int_{y_1}^{y_2} F\,dy = -\int_{y_0}^{\boxed{}} F\,dy + \int_{y_0}^{\boxed{}} F\,dy$$

と変形できるから，① より，

$$\frac{1}{2}mv_1^2 - \int_{y_0}^{\boxed{}} F\,dy = \frac{1}{2}\boxed{} - \int_{y_0}^{\boxed{}} F\,dy$$

が成り立つ．上記空欄に m, v_1, v_2, y_1, y_2 を用いた式を書き込め．

問題 32 重力加速度を g とする．地面を原点 O とし，鉛直上方を正とする y 軸を定め，重力より僅かに大きな力を加えて，地面から高さ h の地点まで質量 m の物体を直線的に持ち上げた（図 4.48）．

このとき重力によって物体に蓄えられたポテンシャルエネルギーは，地面をその基準点とすると，

$$U(h) = -\int_0^{\boxed{}} \left(-\boxed{}\right) dy = \boxed{}$$

とかけ，物体に蓄えられた **"重力の位置エネルギー"** と呼ばれる．これより，空気抵抗が無視できる場合に，この物体を高さ h の地点から自由落下させたときの地面に衝突する瞬間の速さを v とすると，

$$v = \sqrt{\boxed{}}$$

なる速さが生じる．このことは「重力の位置エネルギーが物体の運動エネルギーに転換されたこと」を表す．上記空欄に m, g, h を用いた式を書き込め．

---

y 軸上の微小変位 dy において，y 軸に平行な外力 F が物体に働き，これが保存力である場合を考えよう．外力 F に逆らって，y 軸上の y_0 から y まで物体を動かしたときに，物体がなされた仕事を $U(y)$ とおくと，これは，

$$U(y) = -\int_{y_0}^{y} F\,dy$$

とかける．このとき物体は，$U(y)$ だけの仕事をする能力を内在している．これにちなんで $U(y)$ を，物体に蓄えられた **"ポテンシャルエネルギー"** といい，y_0 を，そのポテンシャルエネルギーの **"基準点"** という．

位置 y_1 で速度 v_1 の物体が，位置 y_2 で速度 v_2 になった場合で，物体に働く外力が保存力のときには，

$$\frac{1}{2}mv_1^2 + U(y_1) = \frac{1}{2}mv_2^2 + U(y_2)$$

なる関係が成り立つ．この関係は **"力学的エネルギー保存の法則"** を一般化したものといえる．

図 4.48: 重力に逆らって地面から高さ h までゆっくりと持ち上げられた物体

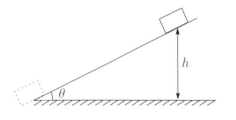

図 4.49: 高さ h まで移動させられた物体

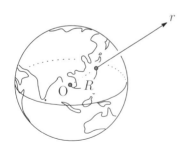

図 4.50: 地球の中心を原点とする r 軸

地表から鉛直上向に打ち上げられた物体が地球の重力圏を脱出して宇宙の彼方に飛んでいくための, 最小の発射速度を "第二宇宙速度" という。

問題 33 重力加速度を g とする。なめらかな斜面上の高さ $h(>0)$ の地点に置かれた質量 m の物体(図 4.49)の地面を基準点とするポテンシャルエネルギーは, 重力に逆らって地面から高さ h まで物体を移動させた場合に物体に蓄えられた位置エネルギー

$$U(h) = \boxed{}$$

に等しい。この物体が初速 0 で斜面を滑り落ちた場合に, 地面に到達した瞬間の速さを v とすると, 力学的エネルギー保存の法則より,

$$\frac{1}{2}mv^2 = \boxed{}$$

が成り立つから, $v = \sqrt{\boxed{}}$ を得る。空欄に m, g, h を用いた式を書き込め。

問題 34 地表から質量 m のロケットを鉛直上方に打ち上げるとき, 地球の中心を原点 O にとり, ロケットの進む方向を r 軸の正とする (図 4.50)。地球の質量と半径をそれぞれ m', R とするとき, 下記空欄に m, m', R を用いた式を書き込め。

無限遠点を基準点とすると, 位置 r におけるロケットの地球による万有引力によるポテンシャルエネルギーは, 万有引力定数を G として,

$$U(R) = -\int_\infty^{\boxed{}} \left(-G\frac{\boxed{}}{r^2}\right) dr = -G\frac{\boxed{}}{\boxed{}}$$

とかける。ロケットに与える第二宇宙速度を v_0 とすると, 力学的エネルギー保存の法則より,

$$\frac{1}{2}mv_0^2 = G\frac{\boxed{}}{\boxed{}}$$

が成り立つから, $v_0 = \sqrt{\dfrac{2G\boxed{}}{\boxed{}}}$ を得る。

4.8 剛体と力のモーメント

問題 35 中心を軽い糸で吊るした全長 29.7 cm の軽い棒の右端に質量 20.1 g の物体を取り付けた。棒が水平を保つように，質量 60.3 g の物体を取り付けるためには，棒の中心から左に □ cm だけ離れた位置に取り付ける必要がある[7]。棒を支えるために鉛直上方に加えなければならない力の大きさ (図 4.51) は，重力加速度を 9.8 m/s² として，□ N である。空欄に値を書き込め。

有限の大きさをもつ物体で，かつ，変形の起こらないものを "**剛体**" という。

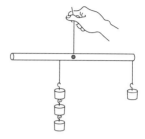

図 4.51: 剛体棒のつり合い

問題 36 質量 m の密度が一様で長さ ℓ の棒 AB を，水平で粗い床と鉛直でなめらかな壁の間に，水平と角 θ_0 をなすように立てかけた。線分 AB の中点を原点 O とし，点 A に働く垂直抗力，点 B に働く垂直抗力と静止摩擦力の大きさをそれぞれ N_1, N_2, f とする (図 4.52)。

N_1, N_2, f を，それぞれ，棒に垂直な力に分解すると，これらの分力の大きさはそれぞれ，

$$N_1 \underline{\quad}\theta_0,\ N_2 \underline{\quad}\theta_0,\ f \underline{\quad}\theta_0$$

である。O を回転の中心とし，反時計回りの回転を正とすると，"**力のモーメントのつり合い**" より，

$$-\frac{\ell}{2}N_1\underline{\quad}\theta_0 + \frac{\ell}{2}\left(N_2\underline{\quad}\theta_0 - f\underline{\quad}\theta_0\right)=0$$

が成り立つ。重力加速度を g とするとき，鉛直方向の力のつり合いより $N_2 = $ □ とかけ，水平方向の力のつり合いより，$N_1 = f$ だから，これらを上の等式に代入して整理すると，

$$f=\frac{1}{2}\frac{\boxed{}}{\underline{\quad}\theta_0}$$

を得る。波線部に sin, cos, tan のいずれか，空欄には m, g を用いた式を書き込め。

---

[7] **YouTube**「ぶつりじっけん 剛体棒のつり合い」にて，実験を公開中。

剛体に加えた外力 $\vec{F}$ の作用点を P，それに伴う回転の中心を点 O とし，$\overrightarrow{\mathrm{OP}}=\vec{r}$ とする。$\vec{F}$ と $\vec{r}$ のなす角を $\theta (0 \leqq \theta \leqq \pi)$ とするとき (下図)，

$$M = |\vec{r}||\vec{F}|\sin\theta$$

で定義される M を "**力のモーメント**" といい，剛体を 回転させる働き を担う (ここで $|\vec{F}|\sin\theta$ は，$\vec{F}$ の $\overrightarrow{\mathrm{OP}}$ に垂直な成分である)。

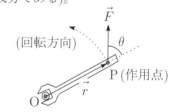

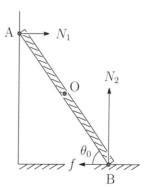

図 4.52: 剛体棒に働く力

4.8.1 ベクトルの外積

空間において, $\vec{0}$ でない二つのベクトル $\vec{a}$ と $\vec{b}$ の始点を一致させて描き, そのなす角を $\theta(0 \leqq \theta \leqq \pi)$ とする。

$\vec{a}$ にも $\vec{b}$ にも垂直で, $\vec{a}$ から $\vec{b}$ に右ねじをひねったときにねじの進む向きのベクトルを $\vec{c}$ としよう (右図)。

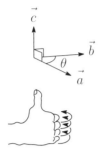

以上のことに加え, $\vec{c}$ の大きさが,

$$|\vec{c}| = |\vec{a}||\vec{b}|\sin\theta$$

を満たすとした場合の $\vec{c}$ を $\vec{a}$ と $\vec{b}$ に関する "**ベクトルの外積**" といい,

$$\vec{c} = \vec{a} \times \vec{b}$$

とかく (参考: ベクトルの内積は $\vec{a} \cdot \vec{b}$)。

問題 37 原点 O とする x-y-z 空間内において, x 軸, y 軸, z 軸方向の単位ベクトルをそれぞれ, $\vec{e}_x$, $\vec{e}_y$, $\vec{e}_z$ とする。x-y 平面内の二つのベクトル

$$\vec{a} = a_x \vec{e}_x + a_y \vec{e}_y,\ \vec{b} = b_x \vec{e}_x + b_y \vec{e}_y$$

のなす角を $\theta(0 \leqq \theta \leqq \pi)$ とする。これらのベクトルについて, 下記空欄に a_x, a_y, b_x, b_y を用いた式, または, 定数を書き込め。

(1) 図 4.53 のように $\vec{a}$ と $\vec{b}$ が第 1 象限にある場合については, 原点 O と二点 $A(a_x, a_y)$, $B(b_x, b_y)$ を頂点とする三角形の面積を $S(>0)$ とすると,

$$S = a_x b_y - \frac{1}{2}\{b_x b_y + a_x a_y + (a_x - b_x)(b_y - a_y)\}$$

$$= \frac{1}{2}\left(\boxed{} - \boxed{}\right) \quad \cdots \text{①}$$

とかける。今の場合, $\vec{a} \times \vec{b}$ は z 軸の正の向きを向くベクトルで, その大きさは図 4.53 の斜線部の三角形の面積を二倍したものに等しいから, ① より,

$$\vec{a} \times \vec{b} = \left(\boxed{} - \boxed{}\right)\vec{e}_z \quad \cdots \text{②}$$

が成り立つ (<u>$\vec{a}, \vec{b}$ が第 1 象限以外に位置する場合についても, その成分表示として ② が成り立つ</u>)。

(2) 原点 O とする x-y-z 空間内に二つのベクトル

$$\vec{a} = 3\vec{e}_x + \sqrt{3}\vec{e}_y,\ \vec{b} = -\sqrt{3}\vec{e}_x + \vec{e}_y$$

が与えられたときには, ② より,

$$\vec{a} \times \vec{b} = \boxed{} \vec{e}_z$$

とかける (図 4.54)。このとき,

$$(\vec{a} \times \vec{b}) \cdot \vec{a} = \boxed{},\ (\vec{a} \times \vec{b}) \cdot \vec{b} = \boxed{}$$

が成り立つ。また,

$$\vec{b} \times \vec{a} = \boxed{} \vec{e}_z$$

である。

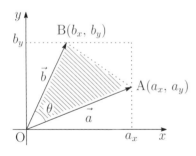

図 4.53: 二つのベクトルの作る三角形

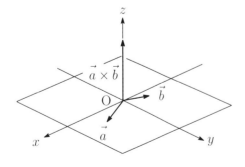

図 4.54: 二つのベクトルの外積

4.8. 剛体と力のモーメント   51

4.8.2 角運動量保存の法則

問題38 原点 O とする x-y-z 空間内において, x 軸, y 軸, z 軸方向の単位ベクトルをそれぞれ, $\vec{e_x}$, $\vec{e_y}$, $\vec{e_z}$ とするとき, 時刻 t における物体の位置ベクトルと運動量ベクトルを, それぞれ,

$$\vec{r} = x\vec{e_x} + y\vec{e_y}, \quad \vec{p} = p_x\vec{e_x} + p_y\vec{e_y}$$

とする。外積の成分表示 (問題37 の ②) より,

$$\vec{r} \times \vec{p} = \left(x\boxed{} - y\boxed{} \right)\vec{e_z}$$

だから, x, y, p_x, p_y をいずれも t の関数として,

$$\frac{d}{dt}\left(\vec{r} \times \vec{p} \right)$$

$$= \left(\frac{dx}{dt}\boxed{} + \boxed{}\frac{dp_y}{dt} - \frac{dy}{dt}\boxed{} - \boxed{}\frac{dp_x}{dt} \right)\vec{e_z}$$

$$= \left(v_x\boxed{} - v_y\boxed{} \right)\vec{e_z} + \left(\boxed{}F_y - \boxed{}F_x \right)\vec{e_z}$$

を得る。ここで, 最後の等式では, 物体に働く外力と, 時刻 t での速度ベクトルを, それぞれ,

$$\vec{F} = F_x\vec{e_x} + F_y\vec{e_y}, \quad \vec{v} = v_x\vec{e_x} + v_y\vec{e_y}$$

とした。他方で,

$$\begin{cases} \vec{v} \times \vec{p} = \left(v_x\boxed{} - v_y\boxed{} \right)\vec{e_z} \\ \vec{r} \times \vec{F} = \left(\boxed{}F_y - \boxed{}F_x \right)\vec{e_z} \end{cases}$$

とかけるから,

$$\frac{d}{dt}\left(\vec{r} \times \vec{p} \right) = \left(\vec{v} \times \vec{p} \right) + \left(\vec{r} \times \vec{F} \right)$$

が成り立つ。右辺第1項は $\vec{v} /\!/ \vec{p}$ より $\vec{v} \times \vec{p} = \vec{0}$ である。さらに, 時刻 t における物体の角運動量ベクトルを $\vec{L}$, 力のモーメントベクトルを $\vec{M}$ とすると, その定義より $\vec{r} \times \vec{p} = \vec{L}$, $\vec{r} \times \vec{F} = \vec{M}$ だから,

$$\frac{d\vec{L}}{dt} = \vec{M}$$

を得る。空欄に x, y, p_x, p_y のいずれかを書き込め。

位置ベクトル $\vec{r}$ における物体の運動量ベクトルが $\vec{p}$ である場合に,

$$\vec{L} = \vec{r} \times \vec{p}$$

によって定義されるベクトル量 $\vec{L}$ をその物体の "**角運動量ベクトル**" といい, 物体に働く外力を $\vec{F}$ とするとき,

$$\vec{M} = \vec{r} \times \vec{F}$$

によって定義されるベクトル量 $\vec{M}$ を "**力のモーメントベクトル**" という。

特に $\vec{F} /\!/ \vec{r}$ を満たす場合の $\vec{F}$ を物体に働く "**中心力**" という。中心力 $\vec{F}$ と $\vec{r}$ のなす角を θ とすると,

$$|\vec{M}| = |\vec{r}||\vec{F}|\sin\theta = 0$$

を満たすから ($\theta = 0, \pi$ とした),

$$\frac{d\vec{L}}{dt} = \vec{0}$$

が成り立つ。すなわち, $\vec{L}$ は時刻 t に依存しない。$\vec{C_0}$ を $\vec{L}$ に平行な定数ベクトルとすると, $\vec{L} = \vec{C_0}$ とかけ, 時刻 t_1, t_2 における角運動量をそれぞれ $\vec{L_1}, \vec{L_2}$ とすると,

$$\vec{L_1} = \vec{L_2}$$

が成り立つ。したがって, 時刻 t_1, t_2 における物体の位置ベクトルをそれぞれ $\vec{r_1}, \vec{r_2}$, 運動量ベクトルをそれぞれ $\vec{p_1}, \vec{p_2}$ とすると,

$$\vec{r_1} \times \vec{p_1} = \vec{r_2} \times \vec{p_2}$$

を得る。これを物体の運動に関する "**角運動量保存の法則**" と呼ぶ。

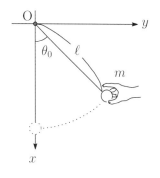

図 4.55: 角 $\theta_0(>0)$ の地点から離される小球と座標軸の関係

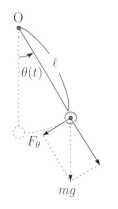

図 4.56: 角 $\theta(t)$ をなす地点にある小球に働く外力の (円弧の) 接線成分 F_θ

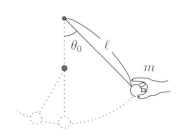

図 4.57: 杭を打ち込まれた振り子

問題 39 重力加速度を g とする。点 O に固定された長さ ℓ の軽い糸の他端に質量 m の小球を取り付け, 鉛直下方を x 軸, 水平方向を y 軸にとり, 時刻 t における x 軸と糸のなす角を $\theta(t)$ とする。$t=0$ で $\theta(t)=\theta_0(>0)$ の位置から静かに小球を離したところ (図 4.55), 小球の軌跡は円弧を描いて最下点を通過した。下記の波線部に sin, cos のいずれかを, 空欄には値 (整数) を書き込め。

(1) 空気抵抗が無視できる場合に, 時刻 t における小球に働く外力の円弧の接線成分を F_θ とすると,

$$F_\theta = -mg\underline{\quad}\theta(t)$$

とかける (図 4.56)。最下点の小球を基準点とし, 角 θ_0 の地点まで, 円弧に沿って小球を静かに持ち上げたときに蓄えられるポテンシャルエネルギーは,

$$U(\theta_0) = -\int_0^{\theta_0}\left(-mg\underline{\quad}\theta(t)\right)\ell\, d\theta(t)$$
$$= -mg\ell\left[\underline{\quad}\theta(t)\right]_0^{\theta_0}$$
$$= mg\ell\left(\boxed{} - \cos\theta_0\right)$$

とかけるから, 最下点を通過する瞬間の小球の速さを v_1 とすると, 力学的エネルギー保存の法則より,

$$v_1 = \sqrt{\boxed{}g\ell\left(\boxed{} - \cos\theta_0\right)}$$

となる。

(2) 小球が最下点に差し掛かった瞬間, 糸の長さが半分となる地点に杭を打ち込んだ (図 4.57)。杭に当たった直後の小球の速さを v_2 とすると, 角運動量保存の法則より,

$$\ell m v_1 = \frac{1}{\boxed{}}\ell m v_2$$

が成り立つから,

$$v_2 = \sqrt{\boxed{}g\ell\left(\boxed{} - \cos\theta_0\right)}$$

を得る。

第1章解答

問題 1

(1) $\left(10, \boxed{5}\right)$, $\bar{f}_1 = \dfrac{\boxed{5}}{10} = \dfrac{\boxed{1}}{2}$

(2) $\left(10, \boxed{5}\right)$, $\left(20, \boxed{20}\right)$,

$\bar{f}_2 = \dfrac{\boxed{20} - \boxed{5}}{20 - 10} = \dfrac{\boxed{3}}{2}$

問題 2

(1) $f'(5) = \lim\limits_{x_2 \to 5} \dfrac{\dfrac{1}{20}x_2^2 - \dfrac{1}{20} \times \boxed{5}^2}{x_2 - 5}$

$= \lim\limits_{x_2 \to 5} \dfrac{\left(x_2 + \boxed{5}\right)\left(x_2 - \boxed{5}\right)}{20\left(x_2 - 5\right)}$

$= \lim\limits_{x_2 \to 5} \dfrac{1}{20}\left(x_2 + \boxed{5}\right) = \dfrac{\boxed{1}}{2}$

(2) $f'(15) = \lim\limits_{x_2 \to 15} \dfrac{\dfrac{1}{20}x_2^2 - \dfrac{1}{20} \times \boxed{15}^2}{x_2 - 15}$

$= \lim\limits_{x_2 \to 15} \dfrac{\left(x_2 + \boxed{15}\right)\left(x_2 - \boxed{15}\right)}{20\left(x_2 - 15\right)}$

$= \lim\limits_{x_2 \to 15} \dfrac{1}{20}\left(x_2 + \boxed{15}\right) = \dfrac{\boxed{3}}{2}$

(3) $f'(10) = \lim\limits_{x_2 \to 10} \dfrac{\dfrac{1}{20}x_2^2 - \dfrac{1}{20} \times \boxed{10}^2}{x_2 - 10}$

$= \lim\limits_{x_2 \to 10} \dfrac{\left(x_2 + \boxed{10}\right)\left(x_2 - \boxed{10}\right)}{20\left(x_2 - 10\right)}$

$= \lim\limits_{x_2 \to 10} \dfrac{1}{20}\left(x_2 + \boxed{10}\right) = \boxed{1}$

問題 3

(1) $f'(x) = \lim\limits_{\Delta x \to 0} \dfrac{\left(\boxed{x} + \Delta x\right) - \boxed{x}}{\Delta x}$

$= \lim\limits_{\Delta x \to 0} \boxed{1} = \boxed{1}$

(2) $f'(x) = \lim\limits_{\Delta x \to 0} \dfrac{\left(\boxed{x} + \Delta x\right)^2 - \boxed{x}^2}{\Delta x}$

$= \lim\limits_{\Delta x \to 0} \dfrac{\boxed{x^2} + \boxed{2x}\,\Delta x + (\Delta x)^2 - \boxed{x^2}}{\Delta x}$

$= \lim\limits_{\Delta x \to 0} \left(\boxed{2x} + \Delta x\right) = \boxed{2x}$

(3) $f'(x) = \lim\limits_{\Delta x \to 0} \dfrac{\left(\boxed{x} + \Delta x\right)^3 - \boxed{x}^3}{\Delta x}$

$= \lim\limits_{\Delta x \to 0} \dfrac{\boxed{x^3} + \boxed{3x^2}\,\Delta x + \boxed{3x}\,(\Delta x)^2 + (\Delta x)^3 - \boxed{x^3}}{\Delta x}$

$= \lim\limits_{\Delta x \to 0} \left\{\boxed{3x^2} + \boxed{3x}\,\Delta x + (\Delta x)^2\right\} = \boxed{3x^2}$

(4) $f'(x) = \lim\limits_{\Delta x \to 0} \dfrac{\boxed{3} - \boxed{3}}{\Delta x} = \boxed{0}$

問題 4

(1) $\displaystyle\int x\,dx = \dfrac{1}{\boxed{2}}x^2 + C$

(2) $\displaystyle\int x^2\,dx = \dfrac{1}{\boxed{3}}x^3 + C$

問題 5

(1) $\displaystyle\int 4\,dx = \boxed{4x} + C$

(2) $\displaystyle\int 4x\,dx = \boxed{2x^2} + C$

問題 6

(1) $F(x) = \displaystyle\int \boxed{4}\,dx = \boxed{4x} + C$

(2) $F(x) = \displaystyle\int \boxed{4x}\,dx = \boxed{2x^2} + C$

問題 7

(1) $\displaystyle\int_1^2 4\,dx = \left[\,\boxed{4x}\,\right]_1^2 = \boxed{4}$

(2) $\displaystyle\int_1^2 4x\,dx = \left[\,\boxed{2x^2}\,\right]_1^2 = \boxed{6}$

問題 8

(1) $f(x_i) = \dfrac{i}{\boxed{n}}$, $\displaystyle\sum_{i=1}^n i = \dfrac{1}{2}\boxed{n}\,(n+1)$

$S = \lim\limits_{n \to \infty} \dfrac{1}{2}\left(\boxed{1} + \dfrac{1}{n}\right) = \dfrac{1}{\boxed{2}}$

(2) $f(x_i) = \dfrac{i^2}{\boxed{n^2}}$

$\displaystyle\sum_{i=1}^n i^2 = \dfrac{1}{6}n\left(n + \boxed{1}\right)\left(\boxed{2n} + 1\right)$

$S = \lim\limits_{n \to \infty} \dfrac{1}{6}\left(1 + \dfrac{1}{n}\right)\left(\boxed{2} + \dfrac{1}{n}\right) = \dfrac{1}{\boxed{3}}$

(3) $\displaystyle\int_0^1 x\,dx = \dfrac{1}{\boxed{2}}\left[\,\boxed{x^2}\,\right]_0^1 = \dfrac{1}{\boxed{2}}$

(4) $\displaystyle\int_0^1 x^2\,dx = \dfrac{1}{\boxed{3}}\left[\,\boxed{x^3}\,\right]_0^1 = \dfrac{1}{\boxed{3}}$

注) $(x+1)^3 - x^3 = 3x^2 + 3x + 1$ より，

$$\begin{aligned}
2^3 - 1^3 &= 3 \cdot 1^2 + 3 \cdot 1 + 1 \\
3^3 - 2^3 &= 3 \cdot 2^2 + 3 \cdot 2 + 1 \\
&\vdots \\
+)\ (n+1)^3 - n^3 &= 3 \cdot n^2 + 3 \cdot n + 1 \\
\hline
(n+1)^3 - 1^3 &= 3\sum_{i=1}^{n} i^2 + 3\sum_{i=1}^{n} i + n
\end{aligned}$$

だから，
$$\sum_{i=1}^{n} i^2 = \frac{1}{6}n(n+1)(2n+1)$$
を得る。

問題 9

(1) $\dfrac{dx(t)}{dt} = \boxed{v_0}$

(2) $\dfrac{dv(t)}{dt} = \boxed{a_0}$

(3) $\dfrac{dx(t)}{dt} = \boxed{v_0} + \boxed{a_0} t$

(4) $v(t) = \int \boxed{a_0} \, dt = \boxed{a_0} t + C$

(5) $x(t) = \int \boxed{v_0} \, dt = \boxed{v_0} t + C$

(6) $x(t) = \int \left(\boxed{v_0} + \boxed{a_0} t \right) dt$
$= \boxed{v_0} t + \dfrac{1}{\boxed{2}} a_0 t^2 + C$

第2章解答

問題 1

(1) $4 \times 10^{\boxed{4}}$ km, $\boxed{2} \times \pi \times r = 4 \times 10^{\boxed{4}}$

(2) $r = \boxed{6.37} \times 10^3$ km

問題 2

(1) $\boxed{20}$ g (2) $1 \times 10^{\boxed{3}}$ cm³, $\boxed{2}$ kg

問題 3

(1) 右図

(2) $\boxed{比例}$

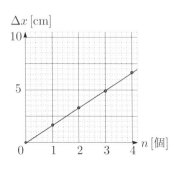

問題 3 (続き)

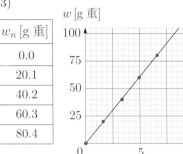

w_n [g 重]
0.0
20.1
40.2
60.3
80.4

(4) 右図

(5) $\Delta x = 2.50$ cm のとき $w = \boxed{30.0}$ g 重，
$\Delta x = 7.50$ cm のとき $w = \boxed{91.5}$ g 重，
$k = \dfrac{\boxed{91.5} - \boxed{30.0}}{7.50 - 2.50} = \boxed{12.3}$ g 重/cm

問題 4

(1) $\boxed{10.0}$ cm, $\boxed{100}$ g 重, (2) $\boxed{222}$ g 重

問題 5

(1) 問題 3-(4) に（ほぼ）同じ， (2) $\boxed{4.90}$ cm

(3) $\boxed{4.90}$ cm, $\boxed{4.90}$ cm

問題 6

(1) A $\boxed{4.89}$, B $\boxed{4.89}$,
C $\boxed{4.89}$,　右図

(2) A $\boxed{4.89}$,
B $\boxed{6.52}$,
C $\boxed{8.15}$,　右図

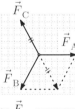

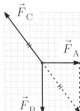

問題 7

(1) 右図

(2) $\boxed{\sqrt{3}}$, $\boxed{\sqrt{3}}$,
$\boxed{60.3}$ g 重, $\boxed{104}$ g 重, $\boxed{104}$ g

問題 8

(1) $\boxed{360}$ °, $\boxed{24}$ 倍, $\boxed{24}$ h

(2) $\boxed{864} \times 10^2$ s

第3章解答

問題1

$\boxed{72}$ キロ , $\boxed{144}$ キロ , $\boxed{36}$ キロ

問題2

(1) $\boxed{2.0}$ m/s , $\boxed{1.5}$ s ,

(2) 右図

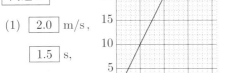

(3) $\boxed{2.0} \times \dfrac{1 \times 10^{-3} \text{ [km]}}{\frac{1}{3.6} \times 10^{-3} \text{ [h]}} = \boxed{7.2}$ [km/h]

問題3

(1) $v_1 = \dfrac{\boxed{180} - \boxed{30}}{20} = \boxed{7.5}$ m/s ,

切片 $\boxed{30}$, $x_1(t) = \boxed{7.5}\, t + \boxed{30}$

(2) $v_2 = \dfrac{\boxed{100} - \boxed{150}}{20} = -\boxed{2.5}$ m/s ,

切片 $\boxed{150}$, $x_2(t) = -\boxed{2.5}\, t + \boxed{150}$

(3) $0 = \boxed{10.0}\, t' - \boxed{120}$, $t' = \boxed{12.0}$ s ,

$x_1(t') = \boxed{120}$ m ,

$\boxed{12.0}$ s ,

$\boxed{120}$ m

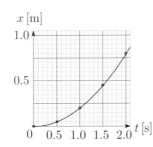

問題4

(1) 右図

(2) $\bar{v}_1 = \dfrac{1}{0.5} \times \boxed{0.05} = \boxed{0.1}$ m/s ,

$\bar{v}_2 = \dfrac{\boxed{0.20} - \boxed{0.05}}{1.0 - 0.5} = \boxed{0.3}$ m/s ,

$\bar{v}_3 = \dfrac{\boxed{0.45} - \boxed{0.20}}{1.5 - 1.0} = \boxed{0.5}$ m/s ,

$\bar{v}_4 = \dfrac{\boxed{0.80} - \boxed{0.45}}{2.0 - 1.5} = \boxed{0.7}$ m/s ,

$\boxed{0.2}$ m/s , $\dfrac{1}{0.5} \times \boxed{0.2} = \boxed{0.4}$ [m/s²]

問題5

(1) 右図

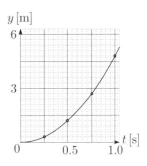

(2) $\bar{v}_1 = \dfrac{1}{0.25} \times \boxed{0.3} = \boxed{1.2}$ m/s ,

$\bar{v}_2 = \dfrac{\boxed{1.2} - \boxed{0.3}}{0.50 - 0.25} = \boxed{3.6}$ m/s ,

$\bar{v}_3 = \dfrac{\boxed{2.7} - \boxed{1.2}}{0.75 - 0.50} = \boxed{6.0}$ m/s ,

$\bar{v}_4 = \dfrac{\boxed{4.8} - \boxed{2.7}}{1.00 - 0.75} = \boxed{8.4}$ m/s

(3) 右図

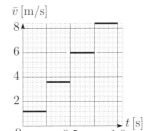

(4) $\dfrac{1}{0.25} \times \boxed{2.4}$

$= \boxed{9.6}$ m/s²

(5) $\Delta y_1 = \boxed{0.3}$ m

$\Delta y_1 = \boxed{0.9}$ m

$\Delta y_2 = \boxed{1.5}$ m

$\Delta y_3 = \boxed{2.1}$ m

$\Delta y = \boxed{4.8}$ m

(6) 右図

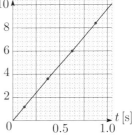

(7) $v = \boxed{9.6}$ m/s

$\dfrac{1}{2} \times 1.00 \times \boxed{9.6} = \boxed{4.8}$ m

問題6

(1) $\boxed{15}$ m/s ,

$\boxed{30}$ m/s

(2) 右図

(3) $\boxed{1.5}$ m/s²

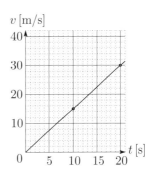

問題 7

(1) $\boxed{2.0}$ m/s
 $\boxed{10}$ s

(2) 右図

(3) $\left[0.0, \boxed{10}\right]$

 $\dfrac{1}{2} \times \boxed{10} \times 20 = \boxed{1.0} \times 10^2$ m

問題 8

(1) $v_x(t) = \boxed{21}$ m/s, $x(t) = \boxed{21}\,t$ m,

 $v_y(t) = \boxed{9.8}\,t$ (m/s), $y(t) = \boxed{4.9}\,t^2$ (m)

(2) $40 = \boxed{4.9}\,t'^2$,

 $t' = \sqrt{\dfrac{\boxed{4.0} \times 10^2}{49}} = \dfrac{\boxed{20}}{7.0}$ s,

 $x(t') = \boxed{60}$ m

(3) $v_x(t') = \boxed{21}$ m/s, $v_y(t') = \boxed{28}$ m/s

 $v(t') = \sqrt{\boxed{21}^2 + \boxed{28}^2} = \boxed{35}$ m/s

問題 9

(1) $\dfrac{dv(t)}{dt} = -\boxed{4.0}$ m/s²,

 $v(t) = \displaystyle\int \left(-\boxed{4.0}\right) dt$

  $= -\boxed{4.0}\,t + C_1$,

 $v(0) = \boxed{20}$ m/s, $C_1 = \boxed{20}$,

 $v(t) = -\boxed{4.0}\,t + \boxed{20}$,

(2) $\dfrac{dx(t)}{dt} = -\boxed{4.0}\,t + \boxed{20}$,

 $x(t) = \displaystyle\int \left(-\boxed{4.0}\,t + \boxed{20}\right) dt$

  $= -\boxed{2.0}\,t^2 + \boxed{20}\,t + C_2$,

 $x(0) = \boxed{0}$ m, $C_2 = \boxed{0}$,

 $x(t) = -\boxed{2.0}\,t^2 + \boxed{20}\,t$,

(3) $v(t') = \boxed{0}$, $-\boxed{4.0}\,t' + \boxed{20} = 0$,

 $t' = \boxed{5.0}$ s, $\boxed{50}$ m

第 4 章解答

問題 1

(1) $\boxed{80}$ kg 重, $\boxed{74}$ kg 重, $\boxed{68}$ kg 重

(2) $\boxed{等速直線}$ 運動, $\boxed{等速直線}$ 運動

問題 2

(1) 右図

(2) $\boxed{反比例}$

(3) $\dfrac{1}{\boxed{2}}a_1 t^2$

 $\dfrac{1}{\boxed{2}}a_2 t^2$

 $\boxed{2}$ 倍

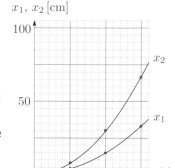

問題 3

$\boxed{mg}$, $m\dfrac{dv(t)}{dt} = \boxed{mg}$, $\dfrac{dv(t)}{dt} = \boxed{g}$,

$v(t) = \displaystyle\int \boxed{g}\,dt = \boxed{gt} + C_1$,

$v(0) = \boxed{0}$, $C_1 = \boxed{0}$,

$v(t) = \boxed{gt}$, $\dfrac{dy(t)}{dt} = \boxed{gt}$,

$y(t) = \displaystyle\int \boxed{gt}\,dt = \dfrac{1}{2}\,\boxed{gt}^2 + C_2$,

$y(0) = \boxed{0}$, $C_2 = \boxed{0}$, $y(t) = \dfrac{1}{2}\,\boxed{gt}^2$

問題 4

(1) $m\dfrac{dv_x(t)}{dt} = \boxed{0}$, $\dfrac{dv_x(t)}{dt} = \boxed{0}$,

 $v_x(0) = \boxed{v_0}$, $C_1 = \boxed{v_0}$, $v_x(t) = \boxed{v_0}$,

 $\dfrac{dx(t)}{dt} = \boxed{v_0}$,

 $x(t) = \displaystyle\int \boxed{v_0}\,dt = \boxed{v_0 t} + C_2$,

 $x(0) = \boxed{0}$, $C_2 = \boxed{0}$, $x(t) = \boxed{v_0 t}$

(2) $\boxed{mg}$, $m\dfrac{dv_y(t)}{dt} = \boxed{mg}$, $\dfrac{dv_y(t)}{dt} = \boxed{g}$,

 $v_y(t) = \displaystyle\int \boxed{g}\,dt = \boxed{gt} + C_3$,

 $v_y(0) = \boxed{0}$, $C_3 = \boxed{0}$, $v_y(t) = \boxed{gt}$,

$\dfrac{dy(t)}{dt} = \boxed{gt}$,

$y(t) = \int \boxed{gt}\, dt = \dfrac{1}{2}\boxed{gt^2} + C_4$,

$y(0) = \boxed{0}$, $C_4 = \boxed{0}$, $y(t) = \dfrac{1}{2}\boxed{gt^2}$

(3) $\begin{cases} \vec{r}(t) = \boxed{v_0 t}\,\vec{e}_x + \dfrac{1}{2}\boxed{gt^2}\,\vec{e}_y \\ \vec{v}(t) = \boxed{v_0}\,\vec{e}_x + \boxed{gt}\,\vec{e}_y \\ \vec{a}(t) = \boxed{g}\,\vec{e}_y \end{cases}$

問題 5

(1) $\theta = \boxed{2\pi}$, $\omega = \dfrac{2\pi}{T}$

(2) $x(t) = \boxed{r}\cos\omega t$, $y(t) = \boxed{r}\sin\omega t$

$\vec{r}(t) = \boxed{r}\left(\cos\omega t\,\vec{e}_x + \sin\omega t\,\vec{e}_y\right)$,

$v_x(t) = \dfrac{dx(t)}{dt} = -\boxed{r\omega}\sin\omega t$,

$v_y(t) = \dfrac{dy(t)}{dt} = \boxed{r\omega}\cos\omega t$,

$\vec{v}(t) = \boxed{r\omega}\left(-\sin\omega t\,\vec{e}_x + \cos\omega t\,\vec{e}_y\right)$,

$v_0 = \boxed{r\omega}$

(3) $a_x(t) = \dfrac{dv_x(t)}{dt} = -\boxed{r\omega^2}\cos\omega t$,

$a_y(t) = \dfrac{dv_y(t)}{dt} = -\boxed{r\omega^2}\sin\omega t$,

$\vec{a}(t) = -\boxed{r\omega^2}\left(\cos\omega t\,\vec{e}_x + \sin\omega t\,\vec{e}_y\right)$,

$\vec{r}(t) = \boxed{r}\,\vec{e}_r$,

$\vec{a}(t) = -\boxed{r\omega^2}\,\vec{e}_r$, $a_0 = \boxed{r\omega^2}$

(4) $a_0 = \dfrac{4\pi^2}{T^2}\boxed{r}$, $\dfrac{4\pi^2}{\kappa}\dfrac{\boxed{m}}{r^2} = G\dfrac{mm'}{r^2}$

問題 6

(1) $\dfrac{dv_f}{dt} = \boxed{0}$, $v_f = \dfrac{g}{\boxed{\alpha}}$

$\dfrac{dv(t)}{v(t) - v_f} = \boxed{-\alpha}\,dt$

$\log_e |v(t) - v_f| = \boxed{-\alpha t} + C_1$

$v(0) = \boxed{0}$,

$v(t) = v_f\left(1 - e^{\boxed{-\alpha t}}\right)$

(2) 右図

問題 7

$\boxed{同じ}$, $\boxed{反対 (逆)}$

問題 8

$F = \boxed{k\Delta x}$, $F' = \boxed{k\Delta x}$

問題 9

(1) $\boxed{F_1}$, $\boxed{F_2}$, $\boxed{F_3}$, $\boxed{F_5}$, $\boxed{F_4}$

(2) $\boxed{F_2}$, $\boxed{F_4}$, $\boxed{F_1}$, $\boxed{F_2}$

問題 10

(1) 右図

(2) $\boxed{mg}$, $\boxed{0}$, $\boxed{mg}$, $\boxed{mg}$

問題 11

(1) $F_1 = \boxed{mg}$, $N_1 = \boxed{mg}$

(2) $F_2 = \boxed{m'g}$, $N_2 = \boxed{mg}$,

$N_3 = \left(\boxed{m} + \boxed{m'}\right)g$

問題 12

(1) 右図

(2) $s = \boxed{mg\cos\theta}$,

$f = \boxed{mg\sin\theta}$

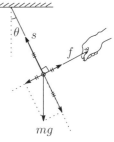

問題 13

(1) 問題 12-(1) の s を N に置き換えれば同じ

(2) $\angle\text{HOB} = \boxed{\theta}$, $N = \boxed{mg\cos\theta}$,

$f = \boxed{mg\sin\theta}$

問題 14

(1) 右図

(2) $\boxed{比例}$

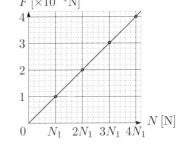

問題 15

(1) 右図

(2) $\boxed{mg\cos\theta_0}$
$F = \boxed{mg\sin\theta_0}$

(3) $\boxed{mg\sin\theta_0}$
$= \mu_0 \boxed{mg\cos\theta_0}$, $\mu_0 = \boxed{\tan\theta_0}$

問題 16

(1) 右図

(2) $\boxed{mg\sin\theta}$
$N = \boxed{mg\cos\theta}$
$a = \boxed{g\sin\theta}$

(3) 右図

(4) $N\boxed{\sin\theta}$
$N\boxed{\cos\theta}$

$\begin{cases} ma_x = N\boxed{\sin\theta} \\ ma_y = \boxed{mg} - N\boxed{\cos\theta} \end{cases}$

$\dfrac{a_y}{a_x} = \boxed{\tan\theta}$, $N = \boxed{mg\cos\theta}$

$\sqrt{a_x^2 + a_y^2} = \boxed{g\sin\theta}$

問題 17

(i) $-2\,\text{m/s}$, (ii) $-1\,\text{m/s}$, (iii) $0\,\text{m/s}$

問題 18

$F\,dt = \boxed{m}\dfrac{dv}{dt}dt = \boxed{m}\,dv$

$\displaystyle\int_{v_0}^{v_0'}\boxed{m}\,dv = \left[\boxed{mv}\right]_{v_0}^{v_0'} = \boxed{mv_0'} - \boxed{mv_0}$

問題 19

$e = -\dfrac{\boxed{-5}}{10} = \boxed{5}\times 10^{-1}$

$\displaystyle\int_{t_1}^{t_2} F\,dt = -\boxed{1} - 2 = -\boxed{3}\,\text{Ns}$

問題 20

$\displaystyle\int_{t_1}^{t_2} F_1\,dt = \boxed{m_1 v_1'} - \boxed{m_1 v_1}$

$\displaystyle\int_{t_1}^{t_2} F_2\,dt = \boxed{m_2 v_2'} - \boxed{m_2 v_2}$, $F_2 = -\boxed{F_1}$

$\boxed{m_1}v_1 + \boxed{m_2}v_2 = m_1\boxed{v_1'} + m_2\boxed{v_2'}$

問題 21

(1) $\boxed{mv}$, $\boxed{0}$

(2) $\boxed{mv} = mv_1' + mv_2'$, $\boxed{v} = v_1' + v_2'$

(3) $\boxed{1}$, $1 = -\dfrac{v_1' - v_2'}{\boxed{v}}$

$\boxed{v} = -v_1' + v_2'$, $v_2' = \boxed{v}$, $v_1' = \boxed{0}$

(4) $\boxed{0}$, $0 = -\dfrac{v_1' - v_2'}{\boxed{v}}$

$\boxed{0} = -v_1' + v_2'$, $v_1' = v_2' = \dfrac{v}{\boxed{2}}$

問題 22

(1) 下図, (2) $\boxed{一定}$

(3) $\boxed{2.0}$ s, $\boxed{3.1}$ rad/s, $\boxed{1.6}$ rad,

$y(t) = \boxed{20}\sin\left(\boxed{3.1}\,t + \boxed{1.6}\right)$ (cm)

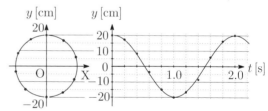

問題 23

(1) $\omega = \sqrt{\dfrac{\boxed{k}}{\boxed{m}}}$, $T = 2\pi\sqrt{\dfrac{\boxed{m}}{\boxed{k}}}$

(2) $x_1(t) = \cos\boxed{\omega t}$, $x_2(t) = \sin\boxed{\omega t}$,

$x(t) = C_1\cos\boxed{\omega t} + C_2\sin\boxed{\omega t}$,

$x(0) = \boxed{\ell}$, $\dfrac{dx(0)}{dt} = \boxed{0}$,

$C_1 = \boxed{\ell}$, $C_2 = \boxed{0}$,

$x(t) = \boxed{\ell}\cos\boxed{\omega t}$,

$v(t) = -\boxed{\omega\ell}\sin\boxed{\omega t}$

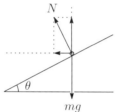

問題 24

(1) $\begin{cases} \vec{e}_r = \underline{\cos\theta(t)}\,\vec{e}_x + \underline{\sin\theta(t)}\,\vec{e}_y \\ \vec{e}_\theta = \underline{-\sin\theta(t)}\,\vec{e}_x + \underline{\cos\theta(t)}\,\vec{e}_y \end{cases}$

$$\frac{d\vec{e}_r}{dt} = \frac{d\theta(t)}{dt}\left\{\underline{-\sin\theta(t)}\,\vec{e}_x + \underline{\cos\theta(t)}\,\vec{e}_y\right\}$$

$$\frac{d^2\vec{e}_r}{dt^2} = \left\{\frac{d\theta(t)}{dt}\right\}^2\left\{\underline{-\cos\theta(t)}\,\vec{e}_x - \underline{\sin\theta(t)}\,\vec{e}_y\right\}$$

$$\qquad + \frac{d^2\theta(t)}{dt^2}\left\{\underline{-\sin\theta(t)}\,\vec{e}_x + \underline{\cos\theta(t)}\,\vec{e}_y\right\}$$

(2) $\vec{r}(t) = \boxed{\ell}\,\vec{e}_r$

$$\frac{d^2\vec{r}(t)}{dt^2} = -\boxed{\ell}\left\{\frac{d\theta(t)}{dt}\right\}^2\vec{e}_r + \boxed{\ell}\,\frac{d^2\theta(t)}{dt^2}\vec{e}_\theta$$

$$\vec{F} = -\boxed{m\ell}\left\{\frac{d\theta(t)}{dt}\right\}^2\vec{e}_r + \boxed{m\ell}\,\frac{d^2\theta(t)}{dt^2}\vec{e}_\theta$$

$$\begin{cases} F_r = -\boxed{m\ell}\left\{\dfrac{d\theta(t)}{dt}\right\}^2 \\ F_\theta = \boxed{m\ell}\,\dfrac{d^2\theta(t)}{dt^2} \end{cases}$$

(3) $F_r = -s + mg\underline{\cos\theta(t)}$, $F_\theta = -mg\underline{\sin\theta(t)}$

$$\begin{cases} s = \boxed{m\ell}\left\{\dfrac{d\theta(t)}{dt}\right\}^2 + mg\underline{\cos\theta(t)} \\ \dfrac{d^2\theta(t)}{dt^2} = -\dfrac{g}{\boxed{\ell}}\underline{\sin\theta(t)} \end{cases}$$

(4) $\omega = \sqrt{\dfrac{\boxed{g}}{\boxed{\ell}}}$, $T = 2\pi\sqrt{\dfrac{\boxed{\ell}}{\boxed{g}}}$

(5) $\theta_1(t) = \cos\boxed{\omega t}$, $\theta_2(t) = \sin\boxed{\omega t}$,

$\theta(t) = C_1\cos\boxed{\omega t} + C_2\sin\boxed{\omega t}$,

$\theta(0) = \boxed{\theta_0}$, $\dfrac{d\theta(0)}{dt} = \boxed{0}$,

$C_1 = \boxed{\theta_0}$, $C_2 = \boxed{0}$,

$\theta(t) = \boxed{\theta_0}\cos\boxed{\omega t}$,

$s = mg\left(1 + \boxed{\theta_0^2}\sin^2\boxed{\omega t}\right)$

問題 25

$$W = \int_0^h \boxed{mg}\,dy = \boxed{mgh}$$

問題 26

$$dy = \frac{dy}{dt}dt = \boxed{v}\,dt, \quad \int_{y_1}^{y_2} F\,dy = \int_{t_1}^{t_2} F\boxed{v}\,dt$$

$$Fv\,dt = \boxed{mv}\,\frac{dv}{dt}dt = \boxed{mv}\,dv,$$

$$\int_{t_1}^{t_2} Fv\,dt = \int_{v_1}^{v_2}\boxed{mv}\,dv = \left[\frac{1}{2}\boxed{mv^2}\right]_{v_1}^{v_2}$$

$$\qquad = \frac{1}{2}\boxed{m}\,v_2^2 - \frac{1}{2}\boxed{m}\,v_1^2$$

$$\int_{y_1}^{y_2} F\,dy = \frac{1}{2}\boxed{m}\,v_2^2 - \frac{1}{2}\boxed{m}\,v_1^2$$

問題 27

(1) $F = -\boxed{mg}$,

$$W = \int_h^0\left(-\boxed{mg}\right)dy = \boxed{mgh},$$

$$\frac{1}{2}mv^2 = \boxed{mgh}, \quad v = \sqrt{\boxed{2gh}}$$

(2) $$\int_{h_1}^{h_2}\left(-\boxed{mg}\right)dy = \boxed{mg}\,(h_1 - h_2)$$

$$\frac{1}{2}mv_1^2 + \boxed{mg}\,h_1 = \frac{1}{2}mv_2^2 + \boxed{mg}\,h_2$$

問題 28

(1) $F = -\boxed{kx}$

$$W_1 = \int_\ell^0\left(-\boxed{kx}\right)dx = \frac{1}{2}\boxed{k\ell^2}$$

$$\frac{1}{2}mv_0^2 = \frac{1}{2}\boxed{k\ell^2}, \quad v_0 = \sqrt{\frac{\boxed{k\ell^2}}{m}}$$

(2) $F = -\boxed{kx}$

$$W_2 = \int_0^{-\ell}\left(-\boxed{kx}\right)dx = \frac{1}{2}\boxed{k\ell^2}$$

(3) $W_3 = \displaystyle\int_\ell^{-\ell}\left(-\boxed{kx}\right)dx + \int_{-\ell}^\ell\left(-\boxed{kx}\right)dx$

$W_3 = \boxed{0}$

問題 29

(1) $N = \boxed{mg}$, $F = -\mu'\boxed{mg}$,

$$\int_0^\ell\left(-\mu'\boxed{mg}\right)dx = -\mu'\boxed{mg\ell}$$

$$\frac{1}{2}mv_0^2 = \mu'\boxed{mg\ell}, \quad v_0 = \sqrt{2\mu'\boxed{g\ell}}$$

60

(2) $W_1 = \int_0^\ell \mu' \boxed{mg} \, dx = \mu' \boxed{mg\ell}$

$W_2 = \int_\ell^0 \left(-\mu' \boxed{mg} \right) dx = \mu' \boxed{mg\ell}$

$W_1 + W_2 = 2\mu' \boxed{mg\ell}$

問題 30

(1) $-\boxed{mg \sin\theta_0}$,

$W_1 = \int_0^\ell \boxed{mg\sin\theta_0} \, dr = \boxed{mg\sin\theta_0} \, \ell$

$W_1 = \boxed{mg} \, h$

(2) $-\boxed{mg\cos\theta}$,

$W_2 = \int_0^{\theta_0} \boxed{mg\cos\theta} \, \ell d\theta = \boxed{mg\sin\theta_0} \, \ell$

$W_2 = \boxed{mg} \, h$

問題 31

$\frac{1}{2}mv_1^2 + \int_{y_1}^{y_2} F \, dy = \frac{1}{2}\boxed{mv_2^2}$,

$\int_{y_1}^{y_2} F \, dy = -\int_{y_0}^{\boxed{y_1}} F \, dy + \int_{y_0}^{\boxed{y_2}} F \, dy$,

$\frac{1}{2}mv_1^2 - \int_{y_0}^{\boxed{y_1}} F \, dy = \frac{1}{2}\boxed{mv_2^2} - \int_{y_0}^{\boxed{y_2}} F \, dy$

問題 32

$U(h) = -\int_0^{\boxed{h}} \left(-\boxed{mg} \right) dy = \boxed{mgh}$,

$v = \sqrt{\boxed{2gh}}$

問題 33

$U(h) = \boxed{mgh}$, $\frac{1}{2}mv^2 = \boxed{mgh}$, $v = \sqrt{\boxed{2gh}}$

問題 34

$U(R) = -\int_\infty^{\boxed{R}} \left(-G\frac{\boxed{mm'}}{r^2} \right) dr = -G\frac{\boxed{mm'}}{\boxed{R}}$

$\frac{1}{2}mv_0^2 = G\frac{\boxed{mm'}}{\boxed{R}}$, $v_0 = \sqrt{\frac{2G\boxed{m'}}{\boxed{R}}}$

問題 35

$\boxed{4.95}$ cm, $\boxed{0.788}$ N

問題 36

$N_1 \underaccent{\sim}{\sin\theta_0}$, $N_2 \underaccent{\sim}{\cos\theta_0}$, $f \underaccent{\sim}{\sin\theta_0}$

$-\frac{\ell}{2}N_1 \underaccent{\sim}{\sin\theta_0} + \frac{\ell}{2}\left(N_2 \underaccent{\sim}{\cos\theta_0} - f \underaccent{\sim}{\sin\theta_0} \right) = 0$

$N_2 = \boxed{mg}$, $f = \frac{1}{2}\frac{\boxed{mg}}{\underaccent{\sim}{\tan\theta_0}}$

問題 37

(1) $S = \frac{1}{2}\left(\boxed{a_x b_y} - \boxed{a_y b_x} \right)$

$\vec{a} \times \vec{b} = \left(\boxed{a_x b_y} - \boxed{a_y b_x} \right) \vec{e}_z$

(2) $\vec{a} \times \vec{b} = \boxed{6} \, \vec{e}_z$

$(\vec{a} \times \vec{b}) \cdot \vec{a} = \boxed{0}$, $(\vec{a} \times \vec{b}) \cdot \vec{b} = \boxed{0}$

$\vec{b} \times \vec{a} = \boxed{-6} \, \vec{e}_z$

問題 38

$\vec{r} \times \vec{p} = \left(x \boxed{p_y} - y \boxed{p_x} \right) \vec{e}_z$

$\frac{d}{dt}\left(\vec{r} \times \vec{p} \right)$

$= \left(\frac{dx}{dt}\boxed{p_y} + \boxed{x}\frac{dp_y}{dt} - \frac{dy}{dt}\boxed{p_x} - \boxed{y}\frac{dp_x}{dt} \right) \vec{e}_z$

$= \left(v_x \boxed{p_y} - v_y \boxed{p_x} \right) \vec{e}_z + \left(\boxed{x} F_y - \boxed{y} F_x \right) \vec{e}_z$

$\begin{cases} \vec{v} \times \vec{p} = \left(v_x \boxed{p_y} - v_y \boxed{p_x} \right) \vec{e}_z \\ \vec{r} \times \vec{F} = \left(\boxed{x} F_y - \boxed{y} F_x \right) \vec{e}_z \end{cases}$

問題 39

(1) $F_\theta = -mg \underaccent{\sim}{\sin\theta(t)}$

(2) $U(\theta_0) = -\int_0^{\theta_0} \left(-mg \underaccent{\sim}{\sin\theta(t)} \right) \ell \, d\theta$

$= -mg\ell \left[\underaccent{\sim}{\cos\theta(t)} \right]_0^{\theta_0}$

$= mg\ell \left(\boxed{1} - \cos\theta_0 \right)$

(3) $v_1 = \sqrt{\boxed{2} \, g\ell \left(\boxed{1} - \cos\theta_0 \right)}$

$\ell m v_1 = \frac{1}{\boxed{2}} \ell m v_2$

$v_2 = \sqrt{\boxed{8} \, g\ell \left(\boxed{1} - \cos\theta_0 \right)}$

著者紹介

松澤 孝幸（まつざわ　たかゆき）

1973年　埼玉県に生まれる

　　　　埼玉県立蕨高校卓球部 OB

1997年　日本大学理工学部物理学科卒業

2002年　千葉大学大学院自然科学研究科博士後期課程修了

　　　　博士（理学）　原子核物理学専攻

現　在　日本大学生産工学部・千葉工業大学・千葉大学　いずれも非常勤講師

力学基礎演習　第2版

2016年3月31日　第1版第1刷発行

2019年3月31日　第2版第2刷発行 ©

著　者　松澤孝幸

発行者　早川偉久

発行所　開成出版株式会社

　　　　〒101-0052　東京都千代田区神田小川町3丁目26番14号

　　　　Tel. 03-5217-0155　　Fax. 03-5217-0156

ISBN978-4-87603-511-3 C3042